KB039931

# 퓨처라마

## 모빌리티 혁명의 미래

# 퓨처라마
## : 모빌리티 혁명의 미래

**초판 1쇄 발행** 2021년 3월 8일
**지은이** 변완희
**펴낸곳** 크레파스북
**펴낸이** 장미옥
**기획·정리** 이상우·노선아
**디자인** 디자인크레파스·김지우
**일러스트** 이윤지

**출판등록** 2017년 8월 23일 제2017-000292호
**주소** 서울시 마포구 성지길 25-11 오구빌딩 3층
**전화** 02-701-0633
**팩스** 02-717-2285
**이메일** crepas_book@naver.com
**인스타그램** www.instagram.com/crepas_book
**페이스북** www.facebook.com/crepasbook
**네이버포스트** post.naver.com/crepas_book

ISBN 979-11-89586-29-4 (03530)
정가 17,000원



---

이 도서의 국립중앙도서관 출판예정도서목록CIP은 서지정보유통지원시스템 홈페이지(http://seoji.nl.go.kr)와
국가자료종합목록 구축시스템(http://kolis-net.nl.go.kr)에서 이용하실 수 있습니다.

글 변완희

크레파스북

## 모빌리티 혁명의 미래

# Prologue ———— 프롤로그

자율주행자동차는 곧 다가올 미래이다. 상용화까지는 시간이 걸리겠지만 기술적으로 보면 이미 완성 단계에 와 있다. 세계적인 전략 컨설팅 기업인 보스턴 컨설팅Boston Consulting은 완전자율주행자동차의 판매 개시를 2025년으로 전망하고 있다. 앞으로 4년 후면 우리는 도로를 달리는 자율주행자동차의 모습을 볼 수 있게 될 것이다. 자율주행자동차가 우리 삶에 미치는 영향은 매우 강력해서 일반 자동차를 빠르게 잠식할 것이며, 그 전개 과정은 마치 휴대전화 시장에 아이폰이 등장했던 것과 비슷하지 않을까 생각된다.

자율주행자동차는 단순히 성능만 개선된 것이 아니다. 도시와 인류의 삶이라는 관점에서 이전의 교통수단들을 압도할 만한 거대한 변화를 가져올 것이다.

그 변화의 첫 번째는 도시의 통점Pain-Point인 교통사고, 교통혼잡, 대기오염과 온실가스 문제가 일제히 해결된다는 것이다. 운전자의 실수로 인해 발생하는 교통사고가 사라지고, 전체 교통사고의 90%가 감소할 것으로 예상된다. 또한 정교한 운전 능력을 갖는 자율주행자동차는 출발 지연이 없다. 좁은 차량 간격의 군집 주행도 가능하다. 이로 인해 고속도로 용량은 지금보다 200%가 증가하고, 도시 내 도로 용량은 130%가 증가한다. 쉽게 말해 도로정체가 사라지는 것이다. 또 자율주행자동차는 기본적으로 전기자동차로 구성된다. 자율주행자동차가 소프트웨어로 제어되는 만큼 전장화된 전기자동차가 자율주행 AI 탑재에 제격이기 때문이다. 따라서 전기로 구동되는 자율주행자동차는 대기오염이나 온실가스 문제 역시 해결할 수 있다.

자율주행자동차가 가져올 두 번째 변화는 도시 공간의 변화이다. 자율주행자동차는 도시 내 주차장과 도로가 차지하는 면적을 크게 줄일 수 있다. 주차장이 감소하는 이유는 자율주행자동차가 우버Uber나 리프트Lyft와 같은 공유자동차 서비스와 결합될 것이기 때문이다. 자동차를 소유하느냐 공유하느냐의 가치 비교에서 자율주행자동차는 기존과 같은 소유의 형태보다 공유의 가치가 훨씬 높다. 당연히 사람들은 자동차를 공유하게 될 것이고, 전체 자동차의 10%만으로 도시 내 모든 통행을 처리할 수 있게 된다. 지금과 같이 많은 수의 주차장이 필요 없게 되는 것이다.

또한 앞서 언급했듯이 자율주행자동차는 정교한 운전 능력으로 기존 도로 용량을 크게 증가시킨다. 많은 연구자들은 도시 내 30%의 도로 면적을 줄일 수 있다고 말한다. 이것이 사실이라면 자율주행자동차 시대에는 도시 내 주차장과 도로 면적의 감소로 인해 많은 잉여 공간이 생길 것이며, 전문가들은 이를 어떻게 활용할지 고민해야 한다. 잉여 공간의 활용은 토지의 형태나 주변 토지이용에 따라 달라질 것으로 보인다. 지상의 잉여 공간은 공원이나 녹지대를 조성하거나, 보도를 확장하는 데 사용할 수도 있고, 규모가 큰 지하주차장에는 백화점이 들어올 수도 있다.

자율주행자동차는 도시 경계를 외곽으로 넓히는 형태나 위성도시의 형태로 도시의 공간 규모를 더욱 넓힐 것이다. 볼프강Heinze, W. Wolfgang은 도시의 공간 규모를 개인의 통행비용으로 설명한다. 이동 시간이 길어지면 개인의 통행비용은 증가하는데, 단위 이동 시간에 대한 통행비용은 보행에서 마차 그리고 버스, 철도, 자동차 순으로 감소하며, 그만큼 도시의 규모가 커질 수 있다는 논리다. 차 안에서 업무와 개인용무를 처리할 수 있는 자율주행자동차는 다른 어떤 교통수단보다 통행비용을 낮추며, 결국 도시 규모는 지금보다 더 커지게 되는 셈이다. 이뿐만이 아니다. 이동의 자유도가 크게 높아지면서 사람들의 거주지 역시 도심에서 벗어나 외곽의 조용한 곳을 선호하게 될 것이다. 도심에서 멀어져 있어도 이동에 소요되는 통행비용과 불편비용이 높지 않기 때문이다.

자율주행자동차는 인간의 삶에도 영향을 준다. 차량은 소유하는 것이 아니라 구독(공유)하는 것으로 바뀔 것이다. MP3가 등장하자 LP나 CD가 사라졌다. 이제 사람들은 음악을 듣기 위해 CD를 사는 대신 멜론이나 유튜브에서 구독을 한다. 자동차도 마찬가지다. 언제 어디서든 타고 내릴 수 있고, 주차할 필요도 없는 공유자율주행자동차를 구독하는 것이 더 편리한 일이 될 것이다.

변화의 세 번째로 자율주행자동차는 우리에게 새로운 시간을 선사한다. 사람들은 하루 평균 1시간을 운전하는 데 사용하는데, 이 시간 동안 생산성 있는 일에 몰입할 수 있게 된다. 음악을 듣거나 부족한 잠을 보충할 수 있으며, 회사에 도착하기 전부터 업무를 시작할 수도 있다. 주유나 정비, 세차를 위해 시간을 쓰지 않아도 된다. 교통혼잡으로 인한 시간 낭비도 사라질 것이며, 설사 밀리는 도로에 있다 해도 그 시간을 한결 가치 있게 사용하게 될 것이다. 여행의 증가도 예상된다. 장거리 운전에 대한 부담이 적어지고, 새벽에 출발해도 차 안에서 잠을 잘 수 있어서 여행 피로를 줄일 수 있기 때문이다. 긴급차량은 운전자들에게 사이렌을 울리거나 길을 터줄 때까지 기다릴 필요가 없다. 긴급차량이 접근하기 전에 이미 자율주행자동차들은 길 좌우로 비켜있을 테니 말이다. 이동 제한이 있는 전염병 감염 지역에서도 자율주행자동차는 문제없이 검체Medical specimen를 나르고, 의료품과 생필품을 나르며 더 많은 생명을 구할 것이다.

자율주행자동차를 주제로 한 기존 도서는 대부분 자율주행자동차의 개발 현황과 시장 분석에 집중하고 있다. 다시 말해 산업·경제적 측면에 보다 주목한다. 물론 자율주행자동차가 산업·경제에 엄청난 영향을 주는 것은 사실이다. 그러나 자율주행자동차가 인류에게 미칠 영향도 간과해서는 안 된다. 특히 인류의 60%가 살고 있고, 수십 년 후에는 90% 이상이 살게 될 도시에 끼칠 영향이 매우 크다. 이 책은 이러한 점에 착안하였다. 자율주행자동차가 도시, 그리고 그 속에 살고 있는 인간에게 어떠한 변화를 가져다 줄 것인가를 깊이 있게 살펴보고자 한다.

본서는 총 3부로 구성되어 있다. 1부는 도시의 본질이 무엇인가에 대한 질문으로 시작한다. 도시의 발전 과정에서 자동차가 끼친 영향을 교통수단의 발달과 함께 고찰하며, 도시와 교통이 서로 불가분의 관계를 맺고 발전해왔다는 사실을 알 수 있게 해준다. 2부는 자율주행자동차와 함께 가까운 미래의 강력한 모빌리티로 떠오를 전기자동차, 공유자동차의 개발 동향과 글로벌 리더 그룹을 소개한다. 특히, 이들 세 모빌리티가 어떻게 결합하여 차세대 모빌리티 서비스로 발전할 것이며 어떤 미래 가치를 가지게 될 것인지를 알려준다. 3부에서는 자율주행자동차가 가져올 혁신적 변화, 특히 도시 교통, 도시 공간, 도시 생활의 변화를 깊이 있게 다룬다. 그리고 일상 속 변화를 예시로 들면서 미래 도시를 상상해 볼 수 있도록 해준다.

이 책을 읽는 독자들이 자율주행자동차가 우리 삶에 가져올 변화에 대해 함께 논의하며 발전시켜 나갈 수 있기를 희망한다.

Content —— 목차

# 01 도시와 **자동차**

*자동차는 이전의 어떤 교통수단보다*
*높은 이동의 자유도를 통해*
*공간적 제약을 해체시켰고, 개인의 삶은 물론*
*도시에도 역동적인 변화를 이끌어 냈다.*
*그러나 동시에 교통혼잡, 교통사고, 대기오염 등*
*해결책이 없을 것 같은 도시문제도 낳았다.*

chapter. 01

# 도시의 탄생과 진화

# 01 도시의 어원과 본질

도시를 뜻하는 영어의 'urban'은 라틴어 'urbs', 'urbis'에서 유래된 단어로 도시 혹은 성곽이라는 의미를 지니고 있으며, 그 당시 최고의 도시였던 로마를 의미하기도 했다. 성곽이란 의미가 함께 쓰인 것은 아마도 도시가 성벽에 둘러싸인 취락으로 시작되었기 때문일 것이다.

도시라는 의미의 또 다른 라틴어 'civitas'는 문명을 뜻하는 'civilization'의 어원이다. 이 단어는 과거 도시뿐만 아니라 시민의 권리나 조건이라는 추상적 뜻도 함께 지니고 있었으며, 오늘날 시민이라는 뜻의 'civil'이나 'civic'의 어원이기도 하다. 따라서 'city'는 'urban'에 비해 도시의 주체인 시민의 자유와 권리를 함축하고 있다고 볼 수 있다.

도시를 하나로 규정하기란 어렵다. 도시는 각 나라의 자연 조건, 정치·경제적 여건과 문화·역사적 배경에 따라 다르게 형성되며, 같은 국가 내에서도 시대나 지역성에 따라 다른 특성을 지니기 때문이다. 다만, 도시라는 개념이 시골·촌락과 확연히 대비된다는 것만은 분명하다.

도시사회학에서는 상대적으로 시골의 존재를 염두에 두면서 "비농업 인구를 주체로 하는 주민들이 대량으로 밀집하여 거주하는 일정한 공간"으로 도시를 정의한다. 한편 지리학에서는 "지역의 핵으로 인식되는 중심지 주위에 집단을 이루고, 계획적이면서도 밀집된 취락 형태를 이룬다"고 정의한다. 도시의 본질을 지역의 중심성에 두고 있는 것이다.

그러나 도시의 자격을 갖추기 위해서는 공적 부문과 사적 부문에 걸쳐 일정 규모 이상의 생산과 소비가 갖춰져야 한다. 도시의 규모와 성격은 그 도시에 있는 주요 시장의 규모와 물적 시설에 반영되어 나타난다. 도시는 활동 공간, 교통, 통신 등의 산업 기반 시설을 제공해야 하며, 도시민에게는 생활 공간, 여가, 치안 유지, 시장 등의 서비스를 제공해야 한다. 이와 같은 입장은 주로 경제학에서 도시를 다룰 때 사용하는데, 웨버 Weber, M. M는 "도시란 그곳에 거주하는 다수의 주민이 공업 또는 상업적 영리 활동을 하며 살아가는 공간"이라고 정의하기도 했다.

그렇다면 도시가 되기 위한 조건은 무엇일까?

첫째로는 일정 규모 이상의 인구가 집중되어 있어야 한다. 인구의 규모를 1,000명 이상으로 정할 것인가, 혹은 5만 명 이상으로 정할 것인가 하는 문제는 편의적 기준일 뿐, 절대적 기준은 아니다. 그보다는 집단으로 거주하는 사람들이 식량이나 상수도를 공급받고, 자연재해나 적의 침략으로부터 보호 받으며, 생산 활동과 거래, 문화를 형성하고 있는지가 더 중요하다.

둘째로는 독자적 도시 기능을 수행할 수 있어야 한다. 도시는 인구 규모에 따라 국토의 전체 또는 일부 지역의 핵심 기능을 수행한다. 만약 도시 전체가 주택 단지뿐이라면, 그 도시는 인구 규모로는 집단성을 확보했더라도 도시로서의 자격은 없는 셈이다. 따라서 주거는 물론, 연구나 금융, 산업, 서비스, 문화, 의료체계를 함께 갖춰야 한다.

셋째로는 농업 이외의 산업 비중이 높아야 한다. 도시는 상업 활동이 이뤄지는 장소이자 제품 생산의 장소이기도 하다. 상업이 주도하는 도시는 공업을 유치하여 2차 산업 도시를 형성하기도 하며, 서비스업을 중심으로 한 3차 산업이 도시의 근간을 이루기도 한다. 그러나 어떤 경우에도 1차 산업인 농업보다 2차, 3차 산업의 비중이 높아야 한다. 이는 도시와 촌락을 구분하는 매우 중요한 기준이기 때문이다.

# 02 고대도시와 고대문명

인류는 오래전 수렵·채집 경제에서 농업 경제로 변화했고, 이동 생활에서 정착 생활로 주거 형태가 바뀌었다. 수렵 생활을 위해서는 10여 세대 정도의 작은 취락으로도 충분했으나 농업을 위해서는 더 많은 인구가 필요했고, 그 결과 취락의 규모가 점차 커지게 되었다. 공동 협력이 가능해졌고, 잉여 농산물이 발생하였다. 사람들은 생산된 잉여분을 다른 상품과 교환하고자 했다. 생산자와 소비자, 시장 거래가 발생하면서 자연스럽게 사회 계층의 분화가 진행되었다. 게다가 생산자와 소비자 취락 사이에 교통로가 만들어지고 주택을 비롯한 상업 시설이 생겨나면서 도시가 형성되기 시작했다.

고대의 도시들은 수천 명 이상의 주민이 정주하면서 상업과 공업, 정치, 종교, 문화, 군사적 기능을 보유한 도시로 발전하였다. 인류 최초의 도시는 기원전 3500년경 티그리스강, 유프라테스강의 메소포타미아 저지대에서 나타났다. 초기 고대도시 중 하나인 우르Ur는 기원전 2300~2180

년 메소포타미아 남부의 수메르 문명 시기의 도시로, 8m 높이의 성벽으로 둘러싸인 곳에 3만 5,000명의 거주민이 살았던 것으로 알려진다. 이 도시의 북서쪽에는 지구라트Ziggurat라는 종교 건축물이 오늘날까지 남아 있다. 지구라트는 종교 의식을 행하는 피라미드 형태의 성탑이다. 우르의 주택은 벽돌로 지어졌고, 성곽 내부에는 일직선의 도로와 광장이 있었다. 또한 도시 사람들은 공동생활에 필요한 정치적·경제적 조직을 만들었고, 상호 협력을 통해 공동의 목적을 달성했다. 메소포타미아, 이집트 및 인더스강 유역의 초기 도시들의 경우에는 홍수를 통제하고 태풍 피해를 복구했으며, 물을 저장하고 거대한 수로를 건설하기도 했다.

고대도시에서는 많은 인구가 집단 거주하며 하천변의 충적지를 이용해 농사를 지었고 잉여 식량을 확보했다. 시장 거래가 이루어졌고, 신분이 분화되었으며, 종교와 정치가 나타나는 등 도시 문명을 만들어냈다. 이런 과정은 메소포타미아에 이어 나일강, 인더스강, 황하강 유역에서도 유사하게 나타났다. 여기서 우리는 고대도시의 발생지가 고대문명의 발상지와 일치한다는 사실을 알 수 있다.

초기 도시보다 발전된 고대 로마 도시는 군사적 방어와 종교적 공동체의 중심이었다. 대부분 규모가 작았고 0.5마일이 넘지 않는 성벽으로 둘러싸여 있었으나, 아테네의 경우에는 인구가 4~14만 명에 이를 만큼 큰 도시를 이루기도 했다. 고대 로마의 도시계획은 현대의 도시계획과 마찬가지로 지형적 여건을 적극 고려했으며, 국지적 교통수요, 사회적 여건, 경제, 자연환경에 따라 공간을 계획·설계하였다. 폼페이에는 중심업무지구CBD: Central Business District에 해당하는 중심지도 있었다. 포럼Forum이라 불린 광장이 그것인데, 여기에 행정·종교·정치·경제 기능이 집중되어 있었다. 이 포럼에서 도시의 관문까지 방사상으로 연결된 도로망은 도시

바깥까지 뻗어나갔다. 소규모 상점들은 도로변에 위치했고, 제빵·방직·염색·피혁과 같은 생산 공장은 시가지 곳곳에 고르게 분포되어 있었다. 공중목욕탕이 있었으며, 대극장과 소극장, 신전도 여러 곳에 위치했다. 주택들도 대규모 저택과 소규모 주택에 이르기까지 다양했다. 시민들의 사회·경제적 지위가 폭넓게 존재하고 있었던 것이다.

• 우르의 지구라트

• 폼페이의 포럼

## 03 보행자 중심의 중세도시

중세도시는 오늘날 우리가 촌락이나 시골 도읍이라고 부르는 풍경에 가까웠으며, 그 구조는 중심부를 강조하는 형태로 짜여 있었다. 소위 '방사 순환 체계'라고 부르는 형태다. 대부분의 도시는 중심부를 둘러싸고 있거나 중심부 그 자체였고, 중심부에 접근하기 위해 구불구불한 도로가 조성되어 있었다. 거미줄 모양을 생각하면 이해하기 쉬울 것이다.

중세도시는 성벽, 성문, 중심부가 주요 동선을 결정했다. 성벽과 바깥의 해자, 운하, 강은 도시를 섬으로 만들었다. 성벽은 시민과 궁전, 성당, 상점, 주택을 적으로부터 방어하기 위한 군사적 효용이 컸다. 하지만 성벽은 한편으로 도시를 고립시켰는데, 당시 형편없는 도로 상태 역시 도시 간의 소통을 더욱 어렵게 만들었다.

중세도시의 도로는 오늘날의 도로와 전혀 달랐다. 우리는 보통 주택이 도로 옆에 입지하는 것으로 생각한다. 하지만 중세도시에서는 기업이나 공공건물들이 자족적인 구역이나 섬을 형성하고, 외부 도로와 관계없이 배치되었다. 당시에는 차량 이동을 위한 도로망이 없었다. 도로는 원칙적으로 보행자들을 위한 길이었고, 마차의 통행은 부차적이었다. 따라서 도로는 비좁고 이리저리 구부러져 있었으며, 막다른 골목길도 많았다. 그러나 이런 도로들은 한편으로 지독한 겨울바람을 막아주어 동절기에 편안하게 활동할 수 있도록 도왔다.

중세도시는 많은 소도시가 분산되어 있었고, 하루 보행 거리 내에서 놀랍도록 규칙적인 형태로 배치되어 있었다. 당시에는 대부분의 사람들이 다른 도시로 갈 때 자신의 두 다리만 이용했기 때문이다. 중세도시의 인구 규모는 대체로 수천 명에서 수만 명 정도였다. 10만 명 이상의 인구를 갖는 도시도 있었지만 17세기까지는 대단히 예외적이었다.

상업의 중심지는 주로 항구였다. 상업이 발달하면서 많은 물건을 실어 나르기 쉬운 방법을 찾다보니 육상 수송보다는 해상 수송이 각광을 받았다. 선박은 수송량에 있어 말이나 나귀보다 월등했기 때문에 항구가 상업의 중심이 된 것은 당연한 일이었다.

중세도시는 10~15세기에 걸쳐 꾸준히 성장했다. 앞서 언급했듯이 성벽은 도시를 고립시키는 물리적 장벽 역할을 하였으나, 일정 수준의 인구 규모에서는 큰 장애물이 아니었다. 성벽을 헐고 도시 경계를 확장하는 것은 간단한 일이었고, 실제로 많은 중세도시들이 마치 나무의 나이테가 자라듯 성벽을 확장하며 성장할 수 있었다. 그러나 중세도시는 아무리 넓어도 중심으로부터 반마일 이상 확장되지 않았고, 모든 필요한 기관·친구·친척 및 조합이 사실상 가까운 도보권 내에 있는 이웃이었다. 오늘날 대도시라면 사전 약속 없이 만날 수 없는 사람들을 도시 안에서 매일 몇 번이고 마주칠 수 있었다.

도시의 성장에 따라 자연의 녹지 공간이 멀리 밀려나고 내부의 녹지 공간이 사라지면서, 중세도시의 주택은 위생 처리에 있어 가장 취약한 곳이 되었다. 도시 성벽을 넘어설 수 없는 인구가 내부의 녹지 공간을 채워 나갔고, 이에 따라 심각한 위생 문제가 누적된 것이다. 케임브리지에서는 말이 쏟아내는 똥 더미가 도로상에 쌓이도록 내버려 두었다가 일주일 간격으로 내다 버렸다고 한다. 1388년 영국 의회가 배설물과 쓰레기를 개천·강·호수에 내버리는 행위를 금지하는 영국 최초의 도시위생법을 통과시킨 것은 결코 우연이 아니었다.

• 중세 프랑스의 성채도시 카르카손

04

# 철도와 근대도시의 탄생

한편 17세기 영국은 인클로저Enclosure 운동으로 농지들이 지주나 자치 농민Yeoman들에 의해 통합되기 시작했다. 인클로저 운동이란 당시 소유 개념이 모호한 공유지나 경계가 모호했던 사유지에 울타리를 설치한 것으로, 이 때문에 가난한 농민들은 그전까지 자유롭게 이용하던 토지를 이용할 수 없게 되었다. 결국 농민층은 부농과 빈농으로 나뉘었고, 빈농으로 전락한 농민들은 자치 농민 밑에서 임금을 받는 프롤레타리아Proletariat가 되었다.

가난한 농민들은 산업혁명이 시작되자 일자리를 찾아 도시로 이주했다. 도시의 신흥 부르주아Bourgeois들이 노동자들을 손쉽게 착취할 수 있는 환경이 조성된 것이다. 여성 인력이 크게 늘었고, 어린 아이들도 만 7세부터는 면직 산업에 동원되었다. 탄광이나 공장에서는 연간 3,000시간을 일해야 했다. 이러한 노동력 착취는 유럽뿐만 아니라 다른 나라의 산업화 과정에서도 예외 없이 나타났다.

농촌에서 도시로 이주한 사람들은 교통수단이 없어 공장이 모여 있는 지역에 정착했고, 이들 지역은 곧 살기 어려운 불량지구로 변하였다. 주택의 공급은 민간 투기업자, 소위 제리 빌더Jerry Builder들이 담당했다. 이들은 건설 노동임금을 낮추기 위해 가장 저급한 수준의 주택을 공급했다. 주거지는 일자리 가까운 곳에 건설될 수밖에 없었으니 이들의 주택은 공장 인근에 닥치는 대로 지어졌다. 도시는 노동자에게 경제적 기회를 제공했으나, 삶을 누릴 수 있는 주택과 환경을 제공하지는 못했다. 높은 밀도의 주거지는 비좁았으며, 길 한편으로 더럽고 악취를 풍기는 하수가 흐르고 있었다. 상수도는 하수에 의해 오염되었으며 쓰레기가 곳곳에 쌓여 있었다. 공장 매연과 폐기물은 숨 쉴 공기와 마실 물을 오염시켰다. 이런 문제는 좀처럼 개선되지 않았고, 점차 농촌 지역까지 잠식해 나갔다.

대량생산을 위해 많은 노동자가 도시로 유입되면서 도시의 인구는 빠르게 증가했다. 대량생산과 수출을 통해 도시의 부는 크게 늘었지만 인구가 급증하면서 주거 환경은 급속도로 악화되었다.

근대도시는 주거 환경에 대한 사람들의 분노가 극대화된 시점에 비로소 나타났다. 다시 말해 근대도시는 산업혁명으로부터 얻어진 이익이 모든 계급에게 공평하게 돌아가야 한다는 인식으로부터 시작된 것이다. 당시 도시문제를 해결하기 위해서는 집중된 토지이용을 분산시켜야 했지만 도보와 말에 의존한 교통수단으로는 한계가 있었다. 결국 새로운 교통수단인 철도가 등장하고 나서야 인구의 분산이 가능해졌고, 공장과 주거 지역이 분리되면서 숨통이 트였다. 영국에서는 오늘날 신도시의 모태가 되는 최초 전원도시인 레치워스Letchworth와 웰윈Welwyn 등이 대도시 주변에 조성되었다. 도시 근로자는 이러한 전원도시에 살면서 철도로 장거리 통근을 할 수 있었다. 그러나 철도를 이용하려면 도보와 말에 의존해야 했기 때문에 전원도시의 공간 범위는 여전히 제한되어 있었다.

한편 산업혁명으로 많은 공장이 도시 안에 세워졌다. 공장은 대개 가장 좋은 부지를 요구했다. 면사 공장, 화학 공장, 제철 공장은 증기기관에 물을 공급하고 가열된 표면을 식히면서 화학적 용해와 염색을 해야 했다. 생산 공정에 많은 양의 물이 필요했기 때문에 주로 수원지에서 가까운 부지가 필요했고, 이로 인해 강과 운하는 전에 없던 새로운 기능을 부여받게 되었다. 바로 용해성·부유성 쓰레기의 가장 값싸고 편리한 처리장이 된 것이다. 염색 공장과 세탁소에서 나오는 유독 물질과 증기 보일러의 끓는 물이 강에 그대로 버려졌으며, 악취를 풍기는 불순물이 배수로와 하수구를 통해 강으로 쏟아져 나왔다.

도심으로 들어온 철도로 인해 도시의 중심에는 화물 야적장과 조차장이 설치되었다. 이들은 도시 내 지역 연결을 방해하는 걸림돌이 되었고, 그 주변으로 공장과 불량주택을 늘리는 결과를 초래했다.

## 05 현대도시의 마중물이 되어준 자동차

20세기에 들어 자동차의 대중화가 시작되고 고속도로가 건설되면서, 근대도시의 틀이 바뀌기 시작했다. 당시 공장과 그에 따른 창고, 점포, 업무시설 등은 최적의 접근성을 찾아 입지 경쟁을 벌이고 있었다. 공장과 상업지가 입지 좋은 중심지를 확보하면 그 주변에는 노동자가 거주할 대규모 주택지가 건설되는 식이었다. 이때 열악한 환경을 벗어나고자 했던 부유층은 새로운 교통 서비스의 도움으로 도시 근교로 이동할 수 있었다. 그러나 빈곤층은 일자리가 있는 공장 지대 인근에 그대로 남을 수밖에 없었다.

도시 내외를 촘촘한 네트워크로 연결한 철도와 이동성이 뛰어난 자동차는 중심지에 금융과 상업을 조직화하면서 도시를 성장시켰다. 이 시기에 도심은 도시 경제와 정치·문화 활동의 핵심이 되었고, 교통 서비스는 주거 지역의 입지를 고급·중급·저급으로 분화시켰다. 이렇게 해서 도시는 현대와 같은 공간 구조를 갖추기 시작했다.

오늘날 도시의 기능은 더욱 분화되고 전문화되었다. 특히 경제 활동의 중심지로서 2차, 3차 산업 위주의 산업구조를 보이며, 정주시설, 공업시설, 업무·상업시설 등이 밀집하고, 정치·행정·사법의 핵심으로서 시의회와 행정관청, 법원이 중심지에 자리잡았다. 대도시는 보편적인 행태가 되었으며 대도시와 밀접한 연관을 맺지 않고는 효율적인 기업 활동을 영위하기가 불가능할 정도였다.

1800년대만 해도 서구 세계에서는 어떤 도시도 100만 인구를 가진 곳이 없었다. 당시 가장 큰 런던이 96만 명이었고, 파리는 50만 명을 약간 넘는 수준이었다. 그러나 1900년경에 들어서자 베를린, 시카고, 뉴욕, 모스크바, 도쿄를 비롯한 인구 100만 명 이상의 대도시가 11개로 늘어났으며, 1930년경에는 27개로 증가했다.

20세기 중반 이후에는 자동차에 힘입어 수많은 신생 도시들이 교외 지역에 생겨나기 시작했으며, 그 결과 자동차에 의존했던 대도시들은 다양한 문제에 봉착하게 되었다. 전철이나 통근 철도로는 도달하지 못했던 도시 외곽의 토지 개발이 가능해지면서 새로운 도로들이 건설되었고, 이는 무분별한 도시 확산을 가속화했다. 직장과 주거지는 더욱 멀어졌고, 도심부 및 부도심 지역의 슬럼화도 함께 진행되었다. 이로 인한 주택 가격 상승, 교통혼잡, 교통사고, 대기오염, 공공시설 부족 등은 사회적 비용을 급격하게 상승시켰다.

국가 GDP의 3%에 이르는 교통혼잡 비용은 한국에서만 연간 25조 원에 이른다. 자동차를 유지하기 위해 필요한 도로와 주차장의 면적도 비효율적인 토지이용의 단면이다. 땅이 넓은 미국의 로스앤젤레스를 예로 들면 지역의 3분의 1 이상을 교통 시설이 소비하고 있고, 도심부의 3분의 2가량을 도로, 고속도로, 주차장, 차고가 차지하고 있다.

이에 따라 20세기 후반에는 대도시문제 해결을 위한 다양한 도시계획 패러다임이 대두되었다. 뉴 어바니즘New Urbanism, 어반 빌리지Urban Village, 스마트 성장Smart Growth, 압축도시Compact City 등이 대표적이다. 이들 도시계획의 핵심은 무계획적인 외연 확산을 방지하고, 도시환경을 보호하는 데 있다. 즉, 교통혼잡 등 사회적 비용을 낮추고, 도로와 주차장 등 비효율적인 토지이용을 줄임으로써 인류의 삶의 질을 향상시키고자 하는 것이다.

• 뉴 어바니즘 (New Urbanism) 대표적인 도시, 플로리다주의 해변 도시 시사이드(Seaside)

chapter. 02

# 교통수단의 발달과 도시의 성장

## 01 보행에서 마차의 시대까지

도시사학자 멈포드Lewis Mumford는 "도시는 지금까지 인간 교류의 중심지 역할을 수행하면서 역사적으로 성장, 발전해 왔다"고 했다. 웨버 역시 "도시 성장의 역사는 사람들 간의 교류를 더 쉽게 만들고자 했던 갈망의 역사"라고 지적했다. 이와 같은 맥락에서 사람들 간의 교류를 촉진시키는 교통수단은 도시와 불가분의 관계라고 할 수 있다. 특히 도시의 규모는 교통 발달 수준에 비례한다. 과거 도시의 최대 크기는 적의 침입을 알리고 병사들을 소집할 수 있는 범위를 넘어설 수 없었다. 따라서 고대도시는 사람들의 보행가능 거리, 중세도시는 교회 종소리가 도달할 수 있는 거리 이상을 벗어나지 못했다.

그러나 인류는 거리의 한계를 극복하기 위해 마차, 철도, 자동차 등과 같은 새로운 교통수단을 잇달아 발명했고, 이를 통해 도시를 확장시켰다. 18세기 산업혁명 이후 진행된 급격한 도시화 과정에서는 철도, 현대도시에서는 자동차가 그 주인공이었다.

도시의 삶은 공간의 제약 속에서 이루어지며, 공간의 제약은 토지이용과 교통의 관계로 설명할 수 있다. 이는 도시의 생성 및 성장과 함께해 온 불가분의 관계이기도 하다. 따라서 도시계획은 정치·경제·사회·문화 활동에 필요한 토지를 제공하는 방향으로, 교통계획은 도시에서 사람들이 다양한 활동을 할 수 있도록 교통 시설과 수단을 공급하는 방향으로 설계되었다.

첫 번째 운송 혁명은 지금으로부터 1만 년 전에 중동 지역에서 처음 시작되었다. 당시 중동 지역에서는 짐을 나르는 동물들을 사육하고 있었다. 이런 동물이 사육되기 전에는 식량을 옮기는 것이 어려웠기 때문에 사람들은 식량을 구할 수 있는 농경지 근처에 거주할 수밖에 없었다. 즉, 짐을 나르는 동물들을 활용해 식량을 쉽게 운반하면서 비로소 도시를 형성할 수 있게 된 것이다.

바퀴는 지금으로부터 약 8000년 전에 메소포타미아에서 기원한 것으로 보이지만 현존하는 가장 오래된 바퀴는 약 5000년 전에 러시아에서 발명되었다. 이집트인과 인도인 역시 적어도 기원전 2000년경에 바퀴를 갖고 있었던 것으로 보인다. 로마제국의 대도시들은 스페인과 이집트에서 배로 운반해 온 많은 양의 곡물을 도시인들에게 보급하기 위해 바퀴 달린 운송 수단을 사용했다. 전 세계적으로 사람들이 유목 생활을 끝내고 정착 생활을 시작한 이후, 대체로 말은 엘리트 계층의 전유물이었다. 개인의 이동을 위해 말처럼 큰 동물을 키우는 것은 평범한 사람들의 경제력으론 감당하기 어려웠던 탓이다.

말을 이용한 짐수레와 마차가 도시 내에서 일반적으로 이용된 것은 16세기 무렵부터였다. 19세기 철도가 그러했듯이 당시 마차의 도입은 만만치 않은 사회적 저항을 받았다. 사실 마차가 달릴 정도의 도로 포장은 이미 오래전에 완성되었다. 도로 포장은 파리에서 1185년경, 피렌체에서는 1235년, 뤼베크에서는 1310년에 시작되었고, 1339년에는 피렌체의 모든 도로가 포장되었다. 14세기 말 무렵의 보행자에게 포장된 도로는 일상적이었다. 그러나 반대론자들은 도로에 수레를 다니도록 허용하면 도로 포장을 유지할 수 없다고 주장했다. 게다가 중세도시의 도로는 좁고 구불구불하므로 마차의 통행에 적합하지 않다고 강조했다. 1563년 프랑스에서는 파리 도로에 마차 통행을 금지해 달라며 국왕에게 청원을 하기도 했다. 그러나 시대정신은 늘 새로운 교통의 편이었다. 이동의 촉진과 공간의 극복, 어디든지 가고자 했던 열망이야말로 당시 시민권력의 의지였다.

• 17세기 도시의 마차와 보도

17세기의 도시 계획가들은 군대의 이동을 고려하여 도로를 설계했다. 도로는 직선으로 폭을 넓게 해서 마차가 서로 비껴갈 수 있도록 했으며, 도시의 한복판을 관통해 다른 도시들을 연결하도록 했다. 도로를 직선으로 정비하고 그 길을 따라 이동하는 것은 경제적일 뿐만 아니라 특별한 즐거움을 주었다. 건물 전면과 처마선이 일렬이 되도록 건물을 규칙적으로 배치하고 마차가 나아가는 방향에 따라서 건물의 수평선이 소실점이 되도록 미학적으로 처리한 덕분이었다.

그러나 한편으로 도로는 부자와 가난한 자를 극명하게 갈라놓았다. 부자는 타고 가난한 자는 걸어야 했다. 부자는 넓은 도로의 축을 따라 빠르게 달렸으며, 가난한 자는 도로 중앙에서 벗어나 배수구를 따라 걸어 다녔다. 말과 마차를 소유한다는 것은 사회적 성공의 상징이자 풍요의 상징이었다. 마구간이 넓은 도로를 메웠고, 광장 뒤편의 좋은 구역은 주차장이 차지했다. 17세기에 도입된 합승 마차는 매년 많은 사상자를 냈는데, 나중에 발명된 철도보다 더 많은 사상자를 내기도 했다. 결국 사고를 막기 위해 보행자를 위한 특별한 공간이 마련되었는데, 바로 보도步道였다.

말이 끄는 버스들은 1820년대에 파리의 인구가 기하급수적으로 불어나기 시작한 뒤에 나타났으며, 이후 뉴욕, 런던에도 등장하기 시작했다. 뉴욕 시 최초의 대중교통은 1827년에 브로드웨이를 따라 운행하던 12인승 옴니버스Omnibus다.

걸어서는 30분에 고작 2.4km 밖에 이동하지 못하지만, 옴니버스는 같은 시간에 두 배의 거리를 편하게 갈 수 있도록 해 주었다. 옴니버스 이용료는 5~7센트였는데, 하루벌이가 1달러 정도였던 당시 도시 노동자들에게는 비싼 금액이었기 때문에 경제적으로 여유 있는 사람들만 이용했다. 옴니버스는 생활환경이 열악했던 도심으로부터 부자들의 탈출을 촉진시켰다. 보행이 일반적이었던 시기에 부자들은 주로 부두 접근이 쉬운 중심 지역에 살았지만, 옴니버스 이후에는 상대적으로 덜 혼잡한 도시 외곽 거주지로 거처를 옮길 수 있었고, 이를 계기로 교외에 주거지가 조성되기 시작했다.

보행자 시대에는 많은 도로가 혼란스럽고 무계획적으로 만들어졌다. 하지만 바퀴 달린 운송 수단이 개발된 이후로 도로는 훨씬 더 질서정연하게 바뀌었다. 1811년에 만들어진 뉴욕의 도시계획에서는 도로 폭을 최소 15m의 직선 격자 모양으로 정했는데, 이는 여러 필의 말이 끄는 운송 수단을 고려한 것이다.

• 옴니버스(Omnibus)

## 02 도시 발전을 가속화시킨 철도

중세시대부터 산업혁명 이전까지 수백 년간 유럽도시의 공간적 범위는 거의 변화가 없었다. 도시는 성곽과 식량생산을 위한 주변 토지에 국한되어 있었다. 게다가 도보와 말, 마차에 의존한 교통수단으로는 도시의 확산을 기대할 수 없었다. 발달된 교통수단이 없던 시절, 장거리 이동은 힘들고 고된 일이었고, 교류는 제한된 공간 내에서만 가능했다. 따라서 보행 혹은 마차로 이동 가능한 거리가 곧 도시의 경계였고, 물리적 이동을 최소화하기 위해 사람들은 모여 살 수밖에 없었다.

1804년 트레비식Richard Trevithick이 최초의 증기기관차를 발명한 이후 철도역을 중심으로 도시가 건설되기 시작했다. 철도가 일찍이 발달한 미국에는 대륙 횡단철도가 놓이면서 철도역 주변에 많은 도시들이 생겨났다. 이처럼 철도는 내륙 도시의 발전에 기여했다. 19세기 중반에 확립된 철도망과 철도역을 중심으로 지방산업도시가 조성되었고, 농촌 인구의 도시 이주를 더욱 촉진시켰다. 1801년에는 영국 인구의 70%가 2,500명 이하의 소도시에 거주했지만, 1850년에 이르러서는 인구의 40% 이상이 10만 명 이상의 도시에 거주할 만큼 도시는 급격하게 성장했다.

1850년부터 1920년 사이에 건설된 교외 지역은 주로 철도에 의존하였으며, 1895년 이후에는 전차와 지하철에 의존했다. 필라델피아 메인라인은 증기기관차를 토대로 세워진 교외 주택지의 전형적인 사례로 1860년대에 펜실베이니아 철도청이 로워메리온 지역의 114만 km²의 토지를 매수하면서, 그곳에 새로운 도시 브린모어를 건설하였다.

초기 교외 지역은 철도를 따라 불연속적인 간격으로 떨어져 있었다. 게다가 면적과 인구는 가장 큰 곳도 1만 명 이상이 되지 않았고 5,000명 이하가 일반적이었다. 철도역이 3~5마일 간격으로 떨어져 있었기 때문에 어떤 특정 공동체의 팽창에 자연스런 한계가 주어진 것이다. 주택들은 철도역에서 가까운 보행 거리 내에 지어졌고, 말과 마차를 부릴 수 있는 부자들만이 더 멀리 교외로 나갈 엄두를 낼 수 있었다.

• 필라델피아 메인라인

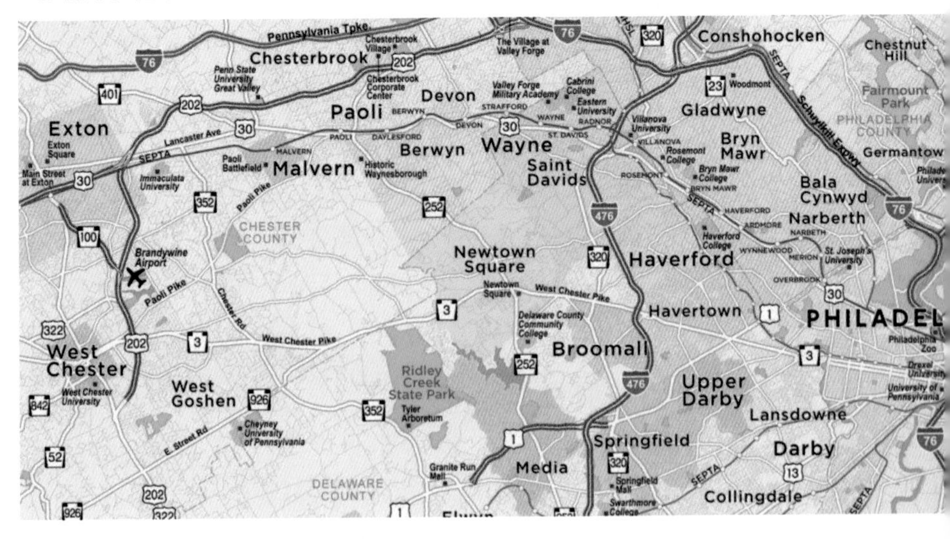

도시 내부의 교통이 발달하지 못했던 19세기 중엽까지 유럽의 산업도시는 물리적인 성장에 한계가 있었고, 이는 고밀도 개발을 부추겼다. 도시에서 발생하는 교통량은 그야말로 엄청났다. 이에 따라 빠른 대중교통의 필요성이 점차 증대되면서 값싼 역마차와 기차, 그리고 전차가 발명되었다. 그 결과 보행 거리는 더 이상 도시 성장의 한계가 되지 못했다. 도시 확장의 속도는 보다 빨라졌으며, 도로가 아닌 철도 노선을 따라 점차 외곽으로 뻗어 나갔다. 기존 도로망과 일치하지 않는 노선은 도로망의 약점을 상쇄시켰다. 또한 값싼 철도 요금은 저임금 근로자들에게 적지 않은 이동성을 제공했다.

19세기 후반에는 증기기관차가 도시 내부의 교통수단으로 등장했으며, 이후 도시철도로 발전했다. 1863년 세계 최대 도시인 런던에서 가장 먼저 지하철 건설이 시작되었다. 지하철은 도시의 물리적 확장과 토지이용 계획을 가능하게 했다. 지하철의 대중화에 힘입어 19세기 후반 서구 세계는 한층 가속화된 도시 성장을 맞이하게 되었다. 그러나 도시철도는 핵심 지역의 토지를 차지했고, 많은 소음과 분진을 유발했다.

1881년 독일의 전기 기술자인 지멘스Ernst Werner von Siemens가 베를린 시가지를 달리는 노면전차를 만들면서 증기기관차는 역사의 뒤안길로 물러나게 되었다. 노면전차는 인구밀도가 높은 대도시 대중교통으로 매우 적합했다. 1890년대 후반이 되자 전 세계 주요 도시는 노면전차들로 가득했다. 노면전차는 도시 외곽에서 중심부로 이동하는 비용을 낮춰주었다. 1890년 미국 시카고 남부 지역에서 노면전차가 건설된 이래, 1906년에는 모든 노선이 전철화되었다. 노면전차 중심의 대중교통 네트워크는 시카고 일대의 교통혼잡을 현저하게 감소시켰고, 도심의 접근성을 높여 시가지 기능을 분화시키는 데 기여했다.

• 도시 노면전차

## 03 도시 변화의 기폭제가 된 자동차와 고속도로

철도는 산업혁명 시기의 도시 발전을 주도했지만, 이후 주도권은 빠르게 자동차로 넘어갔다. 1876년 독일 쾰른 출신의 오토Nikolaus August Otto가 4행정 내연기관을 발명했고, 이어 1885년에는 벤츠Karl Friedrich Benz가 세계 최초 가솔린 자동차인 페이턴트 모터바겐Patent Motorwagen을 만들었다. 이어서 1894년에는 디젤Rudolf Diesel이 디젤 엔진을 처음으로 발명했다. 이처럼 가솔린 엔진과 디젤 엔진을 탑재한 내연기관 자동차는 19세기 중후반에 이미 완성되었다.

하지만 자동차가 인류의 삶과 도시의 변화를 이끌게 된 것은 1908년 포드Henry Ford의 모델T 덕분이었다. 모델T는 공장 자동화와 혁신적인 조립 라인을 통해 자동차의 대중화를 열었다. 포드의 혁신 이후, 1920년대 말 미국의 도로에는 약 2,300만 대의 자동차가 돌아다닐 정도로 관련 산업이 급격한 발전을 이뤘다. 포드와 크라이슬러, GM 등 당시 세계 최대의 자동차 회사들은 다양한 모델의 차량을 쏟아냈고, 미국 정부는 공황 등 경기침체를 극복하기 위한 부양책으로 미국 전역에 공짜로 이용할 수 있는 고속도로를 건설하기 시작했다. 미국에는 단시간에 길이 7,400km에 달하는 고속도로가 구축되었다. 자동차는 도시의 광범위한 외부 효과를 창출하는 중요한 요인으로 작용했고, 이동의 제약은 사라졌다. 도시에는 간선도로와 집분산도로, 국지도로가 그물망처럼 연결되었다. 많은 주차장이 필요했고, 주유소나 정비소도 도시 곳곳에 생겨났다. 그에 따라 도시의 영역은 커졌고, 철도역 중심의 도시는 인접 지역으로 그 영향력을 넓혀갔다.

고속도로가 건설되면서 지방도시의 성장도 가속화되었다. 단일의 산업 중심지에 굳이 모일 필요가 없어졌기 때문이다. 다소 중심지에서 떨어져 있다 해도 적합한 입지 조건을 갖춘 곳에서는 산업이 특화될 수 있었다. 특히 2차 세계대전 이후 산업화가 급격히 진행되면서 사람들의 정주 패턴도 변하기 시작했다. 산업화에 따른 도시 인구 과밀, 공간 부족, 지가 상승 등의 문제는 교통수단의 발달과 함께 도시 확대를 촉진시켰다. 즉, 교외 지역의 발전은 도시 팽창의 결과였고, 이를 가능케 한 것은 자동차의 자유로운 이동성이었다. 집 앞까지 편리하게 이동할 수 있기 때문에 주거 입지의 제약도 그만큼 줄어든 것이다. 인구 증가와 그로 인해 늘어난 토지 수요는 도로 건설과 더불어 외곽으로 더욱 확대되었다.

교외 지역의 발전과 함께 등장한 개념이 바로 '중심도시'였다. 교외 지역은 중심도시의 각종 활동 및 기능이 주변부로 확산되어 나타났기 때문에 중심도시와 밀접한 경제적·문화적 결합을 유지할 수밖에 없었다. 특히 미국의 교외 지역은 중심도시의 혼잡으로부터 벗어나 깨끗하고 신선한 상수도와 자연환경이라는 장점을 갖추면서 더욱 발전해 나갔다. 한편 자동차는 사람들이 사용할 수 있는 토지의 규모를 비약적으로 확대시켰다. 자동차로 인한 공간 제약의 해체는 산업화 도시의 근본적인 문제였던 직주근접을 해결할 수 있는 동력이 되었다.

자동차를 중심으로 한 미국식 도시계획은 주거지와 상업지, 공업지를 도로 중심으로 구획하도록 만들었으며, 이 모델은 전 세계로 확산되었다. 오늘날 도시계획은 주거지에 앞서 대규모 상업·업무 시설과 도로 계획을 먼저 수립하는데, 이는 전형적인 미국식 도시모델이다.

• 미국 전역의 고속도로

• 1인당 통행비용과 도시규모의 관계

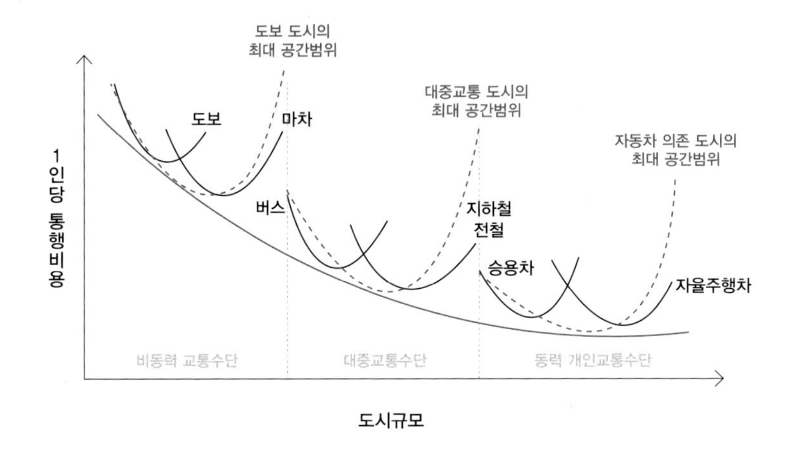


공간제약의 극복은 사람이나 화물이 이동할 때 필요한 시간과 비용이 현저하게 감소했다는 것을 의미한다. 볼프강Heinze W. Wolfgang은 1인당 통행비용이 도시의 규모를 결정한다고 지적했다. 그는 "도보와 마차보다 대중교통은 이동에 소요되는 1인당 통행비용을 감소시키고, 승용차는 이를 더욱 감소시킨다. 도시 규모가 커지고 인구가 증가하면 교통수단의 통행비용이 감소하는데, 도시 규모가 해당 교통수단이 감당할 수 있는 수준을 넘어서면 1인당 통행비용이 오히려 증가하게 된다. 이때 증가한 통행비용을 사람들이 도저히 견딜 수 없을 때 도시의 확대는 멈추게 된다"고 했다. 따라서 1인당 통행비용이 가장 높은 도보나 마차의 도시보다 버스나 도시철도의 도시가 보다 큰 규모이며, 1인당 통행비용이 가장 낮은 자동차를 주요 교통수단으로 하는 도시가 가장 큰 규모의 도시로 성장할 수 있다.

## 04 자동차의 빛과 어둠

도시는 사람들에게 일터를 주고, 학교·극장·관공서·병원 등 많은 도시 기반시설과 함께 이들의 접근을 돕는 대중교통과 자동차를 제공해 왔다. 하지만 도시에 인구가 집중되고 자동차가 증가하면서 많은 문제가 나타났다. 인구밀도 증가와 자동차 이용은 매우 밀접한 관계를 맺고 있다. 도시의 인구밀도가 두 배가 되면 자가용을 이용해서 출근하는 사람들의 비율은 6.6% 가량 떨어진다. 이런 상황에서 도시 활동을 유지하려면 더 많은 도로와 도시철도가 필요하다. 하지만 자동차의 증가는 도시 내 유용한 공간을 빼앗는다.

자동차는 보행자, 버스, 철도에 비해 많은 공간이 필요하다. 걸어가는 보행자의 경우, 0.8m²의 공간이면 충분하다. 반면, 자동차는 세워만 둬도 약 9.3m²의 공간을 차지하며, 고속도로를 주행할 때에는 27~37m²가 필요하다. 걷다가 자동차를 타는 순간, 필요한 공간이 40배 가까이 늘어나기 때문에 자동차 중심도시들의 상당 부분은 주차장과 도로로 쓰이지 않을 수 없다.

현대도시는 도로와 철도의 건설로 생태계가 단절·훼손되었고, 급증하는 통행량으로 인한 지나친 에너지 소비로 환경오염에 시달리고 있다. 교통혼잡으로 인해 통행비용이 증가하였고, 교통사고는 막대한 사회적 비용을 발생시켰다.

자동차로 인한 도시문제를 해결하고 지속가능한 도시를 위해 오래전부터 많은 노력이 있어 왔다. 자동차 대신 대중교통과 보행, 자전거 등 친환경 교통수단을 이용하려는 노력이 대표적이다. 우리나라는 물론 세계의 많은 국가들이 다양한 정책과 제도를 펼치고 있지만 성공 사례는 손에 꼽을 정도다. 그만큼 자동차의 편리성이 뛰어나고, 자동차를 소유하려는 욕망 역시 쉽게 꺾이지 않기 때문이다.

최근에는 이러한 교통수단에 변화가 일고 있다. 공유자동차, 전기자동차, 자율주행자동차가 그것이다. 공유자동차는 일반 승용차 통행을 대체하고, 전기자동차는 대기오염을 없애는 탁월한 방책으로 손꼽힌다. 자율주행자동차는 교통사고에서 완전히 해방된 세상을 꿈꾸게 한다. 이들은 이동에 따른 시간 손실과 주차 행위의 불편함을 제거하여 대중교통 이용의 편리성을 한층 높일 것으로 기대된다. 도시 규모는 지금보다 훨씬 더 확장될 것이고, 이동 시간은 버려지는 시간이 아니라 보다 생산적인 시간이 될 것이다. 즉, 지금까지 자동차로 인한 도시문제가 근본적으로 해결되는 것은 물론, 나아가 도시와 삶에 거대한 변화가 찾아올 것이다. 그 구체적인 변화에 대해서는 3부에서 보다 자세하게 다루고 있다.

chapter. 03

# 산업혁명과 자동차의 발전

# 01 현대 도시문명의 시작, 산업혁명

도시는 고대문명의 탄생과 함께 시작되었다. 하지만 현대와 같은 형태로 발전하기 시작한 것은 산업혁명 이후부터였다. 수많은 세기적 발명이 이 시기에 출현했고, 도시의 변화를 이끄는 동력으로 철도와 자동차가 발명되었다. 특히 자동차는 인류의 삶을 획기적으로 변화시켰고, 이동의 자유도를 그 어느 시대보다 향상시켰다. 이 모든 것이 산업혁명으로부터 시작된 것이다.

산업혁명Industrial Revolution은 18세기 중반에서 19세기 초반까지 영국에서 일어난 기술 혁신과 이로 인해 나타난 사회, 경제 등의 큰 변화를 일컫는다. 산업혁명은 인류 삶의 기반이 농업에서 산업으로 넘어간 일대 사건이었다. 산업혁명이 이와 같은 변혁의 주역이 될 수 있었던 것은 증기기관, 방직기, 연철 및 강철 제련법의 발명, 증기기관차, 증기선과 같은 새로운 교통수단의 등장, 공장제 생산방식의 도입 등 대량생산과 대량소비를 가능하게 한 기술 혁신 때문이었다.

당시 영국에서 기술 혁신이 일어난 것은 우연이 아니었다. 정치·사회·경제적 기반이 이미 산업혁명의 촉발을 준비하고 있었다. 영국은 1688년 명예혁명Glorious Revolution을 통해 국왕 중심의 통치체제를 끝내고 시민 중심의 의회 민주주의를 출발시켰다. 정치적 불안 해소와 함께 신흥 부르주아 계급이 국가 정치의 주요 그룹으로 등장했다. 봉건체제의 붕괴와 상업을 통해 부를 축적한 평민Esquire, 지주Gentry, 자작농·자유민Yeoman 등의 낮은 귀족 계급들이 도시의 대상大商과 대지주가 되었으며 산업혁명에 필요한 거대한 자본이 되었다.

우리는 전기, 자동차, 비행기, 전화, TV, 인터넷, 휴대전화 등의 기술 혁신이 인류의 삶과 세계 경제에 끼친 영향을 이미 목도하였다. 마찬가지로 산업혁명 당시 방직기·방적기, 증기기관, 제련기술이 인류에게 끼친 영향 역시 막대했다. 산업혁명은 근대자본주의를 성립시켰고 산업사회를 만들어낸 거대한 전환 과정이었다. 산업혁명을 일으켰던 주요 발명들은 시장의 확대와 기업의 이윤 추구를 위해 끊임없이 물자를 생산하였고, 물질적 풍요를 주었다. 값싸고 질 좋은 상품은 소비 능력을 갖춘 대중들의 생활수준을 높였다.

특히 영국에서는 런던을 비롯한 버밍엄, 맨체스터, 리즈, 셰필드 등의 신흥 공업도시가 생겨났으며, 인구가 도시로 집중되는 도시화가 급격하게 진행되었다. 도시화는 산업과 경제에는 효율적이었지만, 동시에 새로운 주택 문제, 상하수도 문제, 대기오염 등의 도시문제를 유발했다.

## 02 영국의 산업혁명을 이끈 면직물 산업

산업혁명은 면직물 산업에서 시작되었다. 18세기에 들어서자 영국의 면직물 수요가 급증했고, 때마침 새로운 방직기실로 천을 짜는 기계와 방적기면화로부터 실을 뽑아내는 기계가 발명되면서 대규모 생산이 가능해졌다.

1733년 랭커셔 지방의 직포공 케이John Kay는 플라잉 셔틀Flying Shuttle이라는 반자동식 방직기를 개발하였다. 플라잉 셔틀은 기존 방직기보다 4배 빠른 속도로 천을 짤 수 있었고, 넓은 천도 제작할 수 있었다. 1명의 직공이 방적공 10명분의 실을 처리할 수 있는 성능 개선이 이루어진 것이다. 덕분에 전보다 훨씬 많은 천을 짤 수 있었으나, 자연스럽게 천의 소재인 실이 부족해졌고, 면화로부터 충분한 실을 뽑아내는 방적기가 요구되었다.

• 산업혁명을 이끈 하그리브스의 제니 방적기

1768년 하그리브스James Hargreaves는 종전보다 월등한 성능의 제니 방적기Jenny Spinner를 제작했다. 제니 방적기는 기존 물레와 달리 한 번에 8개의 실을 뽑아낼 수 있었다. 그 다음 해에는 아크라이트Richard Arkwright가 사람의 힘 대신 수력으로 실을 뽑아낼 수 있는 수력 방적기Water Frame를 발명했다. 한 번에 뽑아낼 수 있는 실의 수는 제니 방적기보다는 적었지만 속도가 빠르고 실의 품질이 뛰어났다. 크롬튼Samuel Crompton은 제니 방적기와 수력 방적기의 장점을 모은 뮬 방적기Spinning Mule를 발명했다.

이처럼 실을 뽑는 방적 기술의 발달은 다시 높은 성능의 새로운 방직 기술을 요구했는데, 1785년 카트라이트Edmund Cartright가 방직기에 증기기관을 결합한 역직기를 개발하면서 이 문제를 해결해냈다.

• 영국 면직물 산업의 생산성 증가

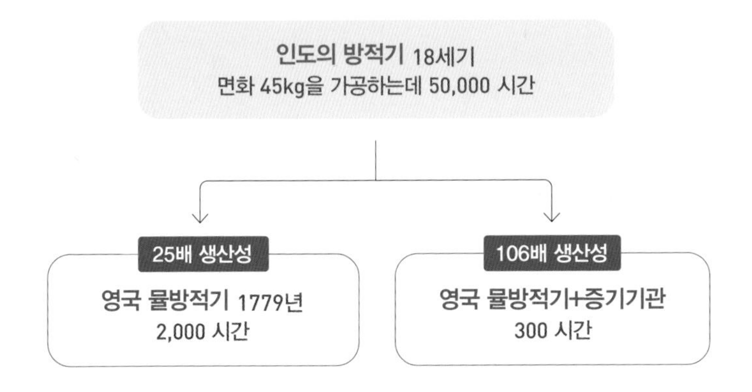


18세기 당시 인도의 방적기는 면화 45kg을 면사로 가공하는 데 약 5만 시간의 노동이 필요했다고 한다. 반면 같은 시기 영국의 물 방적기는 제임스 와트의 증기기관을 이용하면서 불과 300시간밖에 걸리지 않았다. 무려 160배의 생산성을 보였던 것이다. 이에 따라 1760년 250만 파운드에 불과했던 원면 소비량은 1787년에 2,200만 파운드, 1830년에는 3억 6,600만 파운드로 급증하였다.

방적 기술과 방직 기술, 제임스 와트의 증기기관은 원자재-생산-물류-시장으로 연결되는 공급망 전반의 혁신을 이끌었다. 영국은 인도 벵골 지역을 식민지로 만들어 값싸고 안정적인 원자재 수입이 가능했으며, 방직기와 방적기의 기술 혁신, 그리고 증기선과 증기기관차의 발명으로 신속한 대량 수송이 가능했다. 식민지 시장을 통한 공급망이 완성되면서 영국의 면직물 산업은 산업혁명의 성공을 이끌고, 이는 세계시장을 장악하는 원동력이 되었다.

## 03 산업혁명의 강력한 엔진이 된 증기기관

제임스 와트James Watt의 증기기관은 가축과 인간의 노동력에 의지해 왔던 농업사회에 강력한 동력을 제공했다. 사실 와트 이전에도 증기기관에 대한 아이디어나 장치들은 있었다. 기원전 250년경 아르키메데스Archimedes는 증기압력을 이용한 대포를 제작했다고 하며, 고대 그리스의 엔지니어였던 헤론Heron은 수증기를 이용한 동력 장치를 고안했다고 한다. 그러나 의미 있는 증기기관의 발명은 천 년을 기다린 후에야 나타났다.

프랑스의 엔지니어 파팽Denis Papin은 1679년 증기 압력으로 실린더를 작동시켜 분당 27kg의 물을 퍼올리는 장치를 개발했다. 이어 1698년 세이버리Thomas Savery가 탄광의 고인 물을 양수할 수 있는 증기기관 개발에 성공했다. 하지만 30m 이상 깊이에서는 물을 퍼 올릴 수 없어 광산주에게 실제 도움은 되지 않았다. 1705년 뉴커먼Thomas Newcomen은 세이버리의 증기기관을 개량해 새로운 증기기관을 선보였다. 이것은 증기압을 조절할 수 있었고, 대기압에 의해 피스톤을 움직였기 때문에 '대기압식 증기기관'이라고도 부른다. 뉴커먼의 증기기관은 광산에서 큰 성공을 거두었으나 엔진 효율이 낮아 광산 이외의 산업 분야에서는 사용되지 못했다.

1769년 마침내 스코틀랜드 출신의 발명가이자 기계공학자였던 와트가 대기압식 증기기관을 압도하는 새로운 증기기관을 발명했다. 와트의 증기기관은 왕복 운동에 그치던 기존 뉴커먼의 증기기관과 달리 회전 운동이 가능했고, 열효율도 4배가량 뛰어났다. 갱도坑道의 양수용에 불과했던 증기기관을 이제 산업 전 분야에서 사용할 수 있게 된 것이다. 와트의 증기기관은 교통수단에도 혁신을 가져왔다. 증기기관이 가장 먼저 쓰인 곳은 탄광과 공장이었지만, 어떤 이들은 선박의 동력으로 활용하고자 했다.

미국 태생의 풀턴Robert Fulton은 영국에서 운하를 연구하고 있었는데, 당시 미국 대사 리빙스톤Robert R. Livingston이 그를 미국으로 데려가 증기선 개발에 전념하도록 했다. 마침내 1807년 풀턴은 와트의 증기기관을 장착한 증기선 클로몬트Clermont호를 개발하여 뉴욕 허드슨강을 따라 뉴욕과 올버니 사이 240km를 운항했다. 클로몬트호는 길이 43m, 용적은 150톤이었으며 시속 4노트약 시속 7.2km의 속도로 이동할 수 있었다. 이후 풀턴은 증기선의 결함을 꾸준히 개선해가며 미국의 증기선 운항을 독점했다. 산업혁명이 본격화되면서 이전의 범선은 증기선으로 빠르게 대체되었고, 1840년에는 영국과 미국을 오가는 증기선 정기 항로가 개설되기도 하였다. 물론 바다를 건너는 장거리 이동의 운항 시간도 크게 줄었다.

• 제임스 와트의 초기 증기기관

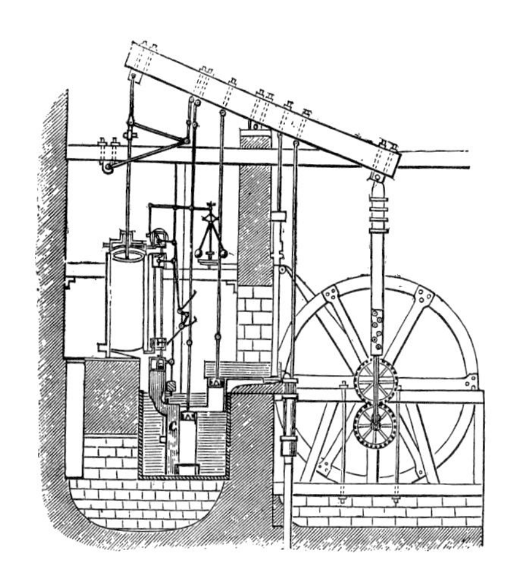

한편 트레비식Richard Trevithick은 1804년 트레비식 고압 증기기관을 제작해 최초의 증기기관차 시험운전에 성공했다. 그러나 당시 주철Cast Iron로 만든 선로는 기관차의 무게를 견디지 못하고 쉽게 깨져버렸기 때문에 상용화에는 실패하였다. 1825년 스티븐슨George Stephenson이 이전 증기기관차의 문제점을 개선하여 시속 39km의 속도를 낼 수 있는 로코모션Locomotion호를 개발하고, 선로에 연철Wrought Iron을 사용해 기관차의 무게를 견디도록 하면서 상용화에 성공하였다. 로코모션호는 석탄 수송을 위해 스톡턴-달링턴 노선Stockton and Darlington Railway을 오가는 43km의 철도 노선에 투입되었다. 이어서 1829년 스티븐슨은 증기기관차의 표준 모델이 된 로켓Rocket호를 개발하였다. 로켓호는 맨체스터와 리버풀 노선Manchester and Liverpool Railway을 운행한 최초의 여객용 기관차였다.

이후, 증기기관차와 철도망은 빠르게 영국 전역으로 확대되었고 공장에서 생산된 상품을 시장으로 신속히 연결시키며 산업자본의 순환을 촉진시키는 데 결정적인 역할을 했다. 철도는 운송료를 크게 떨어트렸고 석탄 가격을 70%나 낮췄다. 게다가 해상에 집중되었던 대규모 운송을 내륙으로 확장시켰다. 물자를 필요한 곳까지 빠르게 운송할 수 있는 수단이 된 것이다. 이처럼 와트의 증기기관은 방직기와 방적기는 물론 탄광 펌프나 석탄 운송장치, 공작기계, 증기선, 증기기관차 등에 활용되면서 가내수공업에서 벗어나 공장제 생산이라는 공업화의 발전을 촉진시켰다.

한편 산업혁명 당시에는 제철 분야에서도 상당한 발전이 있었다. 산업화 과정에서 많은 양의 철이 필요했기 때문이다. 고대부터 17세기까지 제철소에서 철을 만들 때 주로 사용된 원료인 목탄은 제선Iron Making 과정에서 발생하는 열로 인해 쉽게 타버렸다. 그래서 생산된 철의 양은 적었고 품질도 좋지 못했다.

1708년 영국 쉬롭셔주의 콜브룩데일에 브리스톨Bristol 제철회사를 설립한 다비Abraham Darby는 제철 과정에서 석탄을 활용하는 방법을 찾기 시작했으며, 결국 6개월간의 실험을 거쳐 1709년 코크스Cokes 제조법을 개발하는 데 성공했다. 석탄을 고온으로 건조시켜 코크스를 만들고, 이를 연료로 사용해 철을 생산하는 방식이었다. 코크스는 목탄보다 높은 온도를 낼 수 있어 철의 생산량을 크게 향상시켰다. 하지만 코크스로 정련한 철선철에는 탄소가 많아 쉽게 부서지는 단점이 있었다. 다양한 곳에 활용하기 위해서는 좀 더 여린 철이 필요했다.

1784년 코트Henry Cort는 탄소는 물론 철의 불순물까지 제거할 수 있는 교련법Puddle Process을 개발하여 연철 생산을 가능하게 했다. 또한 1856년에는 영국의 베세머Henry Bessemer가 용해된 선철에서 강철을 대량 생산할 수 있는 전로Converter를 개발하였다. 이로써 산업혁명 전개에 필요한 막대한 철을 공급할 수 있게 되었다.

제련법의 발달은 영국의 철 생산량을 크게 증가시켰고, 이에 따라 제철소도 석탄 공급이 원활한 지역으로 이동하게 되었다. 1800년경에는 제철소의 약 4분의 3이 탄광 인근에 세워졌다. 영국의 철 생산량은 1740년 1만 7,000톤에 불과했으나, 1852년에는 세계 철 생산량의 절반에 가까운 270만 톤을 생산할 정도로 크게 성장하였다. 영국은 면제품에 이어 막대한 철을 생산하면서 '세계의 공장'이라는 지위를 더욱 확고히 하게 되었다.

## 04 증기자동차의 발전과 쇠퇴

초기 자동차 시장은 증기기관, 전기, 내연기관 등 다양한 형태의 동력원을 사용하였다. 이 중 가장 먼저 발명된 자동차는 증기자동차였다. 최초의 자동차는 1769년 프랑스인 퀴뇨Nicholas Joseph Cugnot에 의해 발명되었다. 증기기관을 이용한 3륜 구동 자동차로 '파르디에 아 바푀르Fardier à Vapeur, 증기마차'라 불렸다. 이 증기자동차는 군대의 대포를 끌기 위한 목적으로 개발되었는데, 증기 동력을 만드는 보일러가 운전대 앞에 달렸다. 무게는 2.5톤에 4명을 태울 수 있었고, 시속 3.6km로 달렸다. 그러나 15분마다 보일러에 물을 보충해야 했고, 좌우로 방향을 틀 때는 앞쪽의 보일러까지 움직여야 했다. 게다가 제동장치도 없었다.

• 퀴뇨의 증기자동차 파르디에 아 바피르

• 볼레의 증기자동차 라망셀

이후에도 증기자동차는 계속해서 발전을 거듭했다. 프랑스인 볼레Amédée Ernest Bollée는 1873년 시속 30km로 달릴 수 있는 4륜 구동의 증기자동차 '오베이상트Obeissante'를 제작했고, 1878년에는 '라망셀La Mancelle'이라는 증기자동차를 제작했다. 라망셀은 총 50대를 생산했는데, 세계 최초의 양산형 증기자동차라고 할 수 있다.

프랑스의 부통De Dion-Bouton은 실용적인 증기자동차 개발에 몰두했다. 1884년에 그는 2마력의 힘을 내는 소형 증기기관을 앞쪽에 두 개 배치하고, 후면에 물탱크를 둔 '라 마르퀴스La Marquise'를 제작했다. 성능도 나쁘지 않아 총 4마력의 힘을 내며 시속 26㎞로 달릴 수 있었다.

한편 미국의 스탠리 형제Francis Stanly, Freelan Stanly는 보다 뛰어난 증기자동차를 제작했다. 소음과 진동을 현격하게 줄였고 보일러 예열 시간을 줄였으며, 운전도 기존 자동차보다 훨씬 쉬웠다.

미국의 기계 공학자 도블Abner Doble이 세운 도블증기자동차Doble Steam Car는 1909년부터 1931년까지 증기자동차를 생산한 자동차 제작회사다. 이 회사의 '도블모델EDoble Model E'는 급속 예열 보일러와 전기식 시동 장치가 있었고, 별도의 변속기 없이 압력의 조절로 속도를 조절할 수 있었다. 또한 다양한 액체 연료를 사용하였으며, 정숙한 주행 성능을 자랑하였다.

18세기 말과 19세기에 걸쳐 증기기관 기술은 상당히 발전하였다. 따라서 최초의 자동차가 증기기관을 사용한 것은 지극히 자연스러운 일이었다. 증기자동차는 1920년경까지 활발하게 제작·판매되었다. 보일러와 물탱크, 석탄저장고 등 증기기관의 특성 상 초기에는 소형 자동차로 제작하기 어려웠으나, 버스 크기의 자동차에는 꽤 실용적이었다.

1900년대 무렵에는 증기기관이 소형화되었고, 외형상으로 내연기관 자동차와 구분할 수 없을 만큼 발전했다. 증기자동차는 1900년대 초반까지만 해도 내연기관, 전기동력 등 다른 어떤 방식의 자동차보다도 생산량이 많았다. 1900년 미국 자동차 생산의 40%가 증기자동차였고, 전기자동차는 38%, 내연기관 자동차는 22%였다.

하지만 증기자동차는 내연기관 자동차의 생산 혁신, 다시 말해 포드의 컨베이어 벨트를 이용한 대량생산방식과 휘발유 가격 하락으로 경쟁력을 잃고 역사 속으로 사라졌다.

• 도블의 증기자동차 도블모델E 시리즈

05

## 내연기관 자동차보다 먼저 발명된 전기자동차

1832년경 영국의 사업가 앤더슨Robert Anderson이 최초의 전기자동차를 발명했다. 1835년에는 네덜란드의 베커Christopher Becker가 소형 전기자동차를 만들었고, 이어 1842년에는 미국의 데이븐포트Thomas Davenport와 영국 스코틀랜드의 데이비슨Robert Davidson이 보다 실용적인 전기자동차 개발에 성공했다. 하지만 당시엔 배터리 기술이 없어 상용화까지는 이어지지 못했다.

재충전이 가능한 전기자동차가 나타나기 시작한 것은 1865년 프랑스의 플란테Gaston Plante가 배터리를 발명하면서부터다.

공식적으로 세계 최초의 전기자동차는 1884년 영국인 발명가 파커Thomas Parker에 의해 제작되었다. 가솔린 엔진 자동차가 처음 판매된 것이 1891년인데, 전기자동차는 이보다 5년이나 빠른 1886년에 판매가 시작되었다. 1887년에는 미국인 화학자 모리슨William Morrison이 오늘날의 전기자동차와 동일한 방식의 충전식 전기자동차를 발명하면서 최초로 미국에서 상업적인 성공을 거두었다. 이 자동차는 4마력의 모터에 24개의 배터리 셀Cell을 탑재하고 있었으며, 1회 충전으로 160km를 주행할 수 있었다. 1899년 4월 29일 프랑스의 전기자동차 '라 자메 콩탕트La Jamais Contente'가 68마력의 모터를 달고 세계 최초로 시속 100km의 벽을 통과하였다. 당시엔 레일 위의 기차 중 일부만이 가능했던 기록이었다. 전기자동차는 냄새·소음·진동이 적을 뿐만 아니라 빠르고 운전하기가 쉬워 상류층과 여성에게 인기가 많았다. 뉴욕 같은 대도시의 경우 전기자동차의 점유율은 50%에 이를 정도였다. 반면 당시의 내연기관 자동차는 속도에 따라 기어를 바꿔줘야 했고, 시동을 걸 때는 크랭크축에 손잡이를 꽂아 돌려야 했다. 게다가 전기자동차에 비해 덩치도 커서 인기가 높지 않았다.

하지만 내연기관 자동차는 머지않아 새로운 기회를 맞게 되었다. 포드의 혁신적인 생산방식으로 자동차 가격이 크게 떨어졌을 뿐만 아니라, 1920년대 미국 텍사스에서 대량의 원유가 발견되면서 휘발유 가격이 큰 폭으로 떨어지게 된 것이다. 뿐만 아니라 전기식 시동모터의 발명으로 불편했던 시동방법이 해결되면서 내연기관 자동차는 승기를 잡게 되었다. 반면 전기자동차는 비싼 가격, 무거운 배터리, 짧은 충전거리 문제를 해결하지 못했고, 결국 1930년대 이후 자동차 시장에서 사라지고 말았다.

그러나 2000년대에 들어서면서 큰 변화가 일어났다. 배기가스 규제가 강화되기 시작했고, 기후변화에 대한 각국의 대책이 실행되었다. 게다가 폭스바겐Volkswagen의 디젤게이트 사건은 클린 디젤의 미래를 좌절시켰고, 테슬라Tesla 전기자동차의 성공은 다른 완성차 제조업체에게 큰 위기가 되고 있다. 내연기관 자동차의 한계는 분명해진 반면, 전기자동차는 미래자동차 혁신의 유일한 대안으로 떠오르고 있는 것이다.

## 06 자동차의 대중화를 이끈 포드

증기자동차와 전기자동차가 분명한 약점이 있기는 했지만 내연기관 자동차만큼은 아니었다. 내연기관 자동차는 소음과 냄새가 심했으며, 시동을 걸려면 직접 레버를 돌려야 했다. 힘들기도 했고 위험하기까지 했다. 엔진을 켜기 위해 레버를 돌리다 갈비뼈가 부러지는 일도 있었다. 그런데 이런 내연기관 자동차가 어떻게 경쟁자들을 물리칠 수 있었을까?

4행정 내연기관은 1876년 독일 기계 기술자였던 오토가 처음으로 제작에 성공했다. 연이어 독일 기술자 다임러Gottlieb Daimler가 자동으로 불꽃이 점화되는 방법을 개발하면서 내연기관 자동차의 등장을 예고했다. 이후 1885년 벤츠에 의해 세계 최초의 내연기관 자동차가 발명되었으며, 독일 만하임에서 처음으로 공개되었다. 벤츠의 내연기관 자동차는 '페이턴트 모터바겐'이란 이름으로 1886년 1월 29일 특허를 취득하였다. 특허

번호는 37435호였고, '특허를 받은 자동차'란 의미에서 이러한 이름을 갖게 되었다. 벤츠의 자동차는 954cc 단기통 가솔린 엔진을 탑재한 세계 최초 가솔린 자동차였으며, 시속 16km까지 달릴 수 있었다. 1888년부터 생산하기 시작했지만, 수공업 방식으로 만들다보니 가격이 비쌌고 생산량도 많지 않았다.

한편 다임러는 1886년에 페이턴트 모터바겐에 이어 세계 최초의 사륜자동차 제작에 성공했으며, 1889년에는 변속기와 현대적 조향 장치까지 개발해냈다. 자동차 제작으로 명성을 얻은 다임러와 벤츠, 두 사람은 각자 자동차 제조사를 갖고 있었으나 1926년 합병하면서 오늘날 전 세계적인 완성차 제조업체인 다임러벤츠Dimler-Benz AG, 이후 Dimler AG로 사명 변경를 탄생시켰다.

이처럼 내연기관의 기술적 이론은 20세기 초에 거의 완성되었을 만큼 기술 개발이 빠르게 진전되었다. 그렇지만 1900년 초만 하더라도 미국 판매 차량 중 가솔린 내연기관 자동차는 22%에 불과했다. 나머지 78%는 증기자동차와 전기자동차가 차지하고 있었다.

• 칼 벤츠의
페이턴트 모터바겐

• 포드 자동차의 모델T

내연기관 자동차를 자동차의 왕자로 만든 것은 포드Ford Motor다. 포드는 1913년 돼지 도축장의 컨베이어 벨트를 자동차 생산에 적용했고, 부품별 분업 시스템을 도입하여 자동차의 대량생산을 가능하게 했다. 자동차 생산 효율을 비약적으로 향상시킨 것이다. 실린더 블록이 공장 내에서 오가는 거리를 1,200m에서 100m 남짓으로 단축시켰고, 최종 조립까지 750분이었던 자동차 생산을 93분으로 단축시켰다. 공장 전체가 마치 하나의 거대한 기계와 같았다. 포드 자동차는 컨베이어 벨트 시스템으로 모델T를 쏟아내면서 과거와는 전혀 다른 세계를 열었다.

생산 규모가 연간 200만 대에 이를 정도로 대량생산이 가능해지면서 생산효율과 속도는 과거와 비교할 수 없을 만큼 빨라졌고, 부품의 대량구매를 통해 자동차의 가격도 크게 낮아졌다. 모델T의 가격은 처음 출시된 1908년 당시 950달러에서 대량생산방식이 본격 적용된 이후 1914년에는 490달러, 1925년에는 260달러까지 떨어졌다. 일반인도 부담없이 자동차 구매가 가능해지면서 자동차 대중화 시대가 열렸다. 1895년 전국적으로 4대에 불과했던 자동차는 1920년 무려 2,000만 대가 보급되었다. 모델T 단일 제품만으로 1,500만 대의 생산 기록을 남겼다.

이처럼 포드의 모델T는 자동차의 대중화를 열었지만, 소비자들은 새롭고 다양한 모델을 원하기 시작했다. 게다가 포드의 생산방식을 도입한 기업이 늘면서 경쟁도 심해졌다. 이때 다양성을 무기로 시장의 지배자로 떠오른 기업이 제너럴 모터스General Motors, GM였다. GM은 소비자가 새 제품을 사도록 하기 위해 기능적으로 문제가 없어도 기존 제품을 낡아 보이도록 하는 '계획적인 진부화'를 이용했다. 이를 위해 기본 구조는 크게 다르지 않지만 눈에 보이는 부분을 새롭게 디자인하는 '페이스 리프트'에 집중했다. GM은 또한 자동차 할부금융을 통해 자동차 대중화를 가속화시켰다. 서로 다른 모델 간에 부품을 공용화하여 원가를 절감하였고, 모델별 책임경영제를 도입하는 등 근대적 경영관리의 원형을 마련하기도 했다. 1927년 GM은 판매량에서 포드를 앞지르며 마침내 미국 자동차 산업 1위를 차지하였다.

포드와 GM은 자동차 산업을 단숨에 미국 경제의 중심에 올려놓았다. 자동차 산업은 연관 산업들을 통해 미국 경제 전반에 엄청난 영향을 끼쳤다. 자동차의 주재료인 철강 산업이 부흥하였고, 자동차 연료 공급을 위한 주유소가 전국 곳곳에 구축되었다. 거대 정유기업이 등장했으며, 자동차를 할부로 판매하는 금융업과 자동차 보험상품도 등장하였다. 전국을 거미줄처럼 연결하는 도로망도 건설되었다. 사람들의 이동거리가 길어지면서 대도시 주변에 교외 도시 건설이 활발해졌고, 월마트와 같은 대형 쇼핑몰도 생겨났다.

## 07 글로벌 자동차 기업들의 황금시대

미국 외에 다른 나라들도 자동차 산업에 뛰어들면서 독일, 프랑스, 이탈리아, 일본 등이 차례로 자동차 강국으로 떠올랐다. 특히 일본의 토요타Toyota는 제조 각 단계의 낭비 요소를 제거한 린Lean 생산방식을 도입하면서 생산성을 비약적으로 향상시켰다.

린 생산방식은 포드의 대량의 부품 구매를 통한 대량생산방식의 상대개념으로, 생산 흐름에 필요한 부품 재고관리를 말한다. 이러한 토요타의 생산방식은 원가절감과 품질개선을 이루었다. 1980년대 말 자동차 모델 교체 주기는 보통 10년이었는데, 토요타는 4년 만에 이를 실현했다. 자동차 조립 공정이 개선되어 생산성도 50% 가량 높아졌고, 불량률도 30%나 개선되었다. 마침내 토요타는 2008년 세계 1위의 GM을 밀어내고 세계 최대 자동차 회사로 등극하였다. 다른 나라에서도 린 방식은 큰 영향을 주었는데, 1990년대 초반 파산위기에 처했던 포르쉐Porsche의 회생도 토요타의 생산방식 덕택이었다.

토요타가 글로벌 자동차 시장에서 1위를 차지한 데는 또 다른 이유가 있었다. 1973년 욤 키푸르Yom Kippur 전쟁 이후, 중동의 주요 산유국이 원유 생산을 줄이고 가격을 올리면서 1차 석유파동이 일어났다. 세계 각국의 주요 산업은 물론, 연료를 석유에 의존하는 자동차 산업에도 비상이 걸렸다. 일단 사람들의 자동차 선택 기준이 달라지기 시작했다. 당시 미국 소비자들은 큰 차에 익숙해 있었다. 석유 가격도 낮았기 때문에 연비는 큰 문제가 되지 않았다. 그러나 석유 가격의 급격한 상승은 미국 소비자들의 마음을 작고 경제적인 일본 자동차로 향하게 만들었다. 미국뿐만이 아니었다. 1970년대에 일본 자동차는 세계 주요 시장을 빠르게 점령해 나갔다.

유럽에서는 독일의 폭스바겐이 한 개의 플랫폼으로 다양한 모델을 기획·생산해 내는 방법을 창안했다. 자동차 제조에서 플랫폼이란 엔진, 기어, 하부섀시, 서스펜션, 조향장치 등 자동차의 주요 핵심장치들을 의미한다. 폭스바겐은 몇 개의 플랫폼만으로 소비자들이 완전히 다른 차라고 느낄 수많은 모델을 만들어 냈다. 가령 MQBModularer Querbaukasten, MLBModularer Längsbaukasten라고 부르는 두 개의 플랫폼만으로도 폭스바겐, 아우디, 세아트, 스코다 등 폭스바겐 그룹 내의 수십 가지 자동차 모델을 생산할 수 있었다.

폭스바겐의 플랫폼은 개발 및 생산 비용을 크게 절감해 주었다. 자동차 모델별로 플랫폼을 달리 설계할 필요가 없었고, 같은 플랫폼을 사용하는 자동차 모델은 동일한 부품을 사용할 수 있었다. 플랫폼 전략이 성공을 거두면서 중위권 그룹에 불과했던 폭스바겐은 토요타, GM과 함께 세계 3대 글로벌 그룹에 들어서게 된다.

한국은 어땠을까? 1962년 '자동차 진흥 정책'으로부터 시작된 한국의 자동차 산업은 미국이나 유럽에 비해서는 한참 늦었다고 볼 수 있다. 기아자동차의 전신인 경성정공京城精工이 마쓰다Mazda와의 제휴로 1962년 자동차 생산을 시작했고, 현대자동차는 포드와의 기술 제휴로 1968년부터 자동차를 생산하기 시작했다.

현대자동차는 1972년이 되어서야 한국 최초의 독자 모델인 포니를 생산할 수 있었다. 그리고 1998년에는 외환위기를 견디지 못하고 쓰러진 기아자동차를 인수하였다. 이때 한국 정부는 외국 완성차 업체의 국내 직접 사업을 금지하면서 국내의 자동차 산업을 철저하게 보호했고, 국민들은 현대자동차와 기아자동차에 절대적인 지지를 보냈다. 그 덕분에 현대와 기아자동차는 크게 성장하였으며, 2010년 이후에는 생산량에서 글로벌 완성차 업계 5위를 지키고 있다.

chapter. 04

# 자동차가 만든 도시, 그리고 도시문제

## 01 숫자로 살펴보는 자동차의 영향력

오늘날 전 세계에는 13억 2,000만 대의 자동차가 등록되어 있다. 세계 인구가 77억 8,600만 명이므로 인구 1,000명당 약 170명이 자동차를 보유하고 있는 셈이다. 국가교통DB센터에서 제공한 자료에 따르면 우리나라의 자동차 일 평균 주행거리는 34.9km이다. 이를 적용하면 전 세계 자동차의 1일 주행거리는 461억 km가 된다. 지구에서 태양까지의 거리가 1억 4,960만 km이므로 세계의 모든 자동차의 주행거리를 더하면 자동차는 지구에서 태양을 매일 154회 왕복하고 있는 셈이다.

세계에서 자동차 보급률이 가장 높은 나라는 미국이다. 2018년 기준 2억 7,000만 대로 인구 1,000명당 837대를 보유하고 있다. 다음으로는 이탈리아 695대, 일본 591대, 스페인 591대, 독일 589대, 영국 579대 순이다. 우리나라 인구 수는 5,183만 명에 자동차는 2,320만 대로 인구 1,000명당 411대를 기록하고 있다. 한국의 평균 가구원 수가 2,050만 가구임을 고려하면 한 가구당 평균 1.13대의 자동차를 소유하고 있는 셈이다.

• 전 세계 자동차 총 주행거리는 지구에서 태양을 매일 154회 왕복하는 것과 맞먹는다

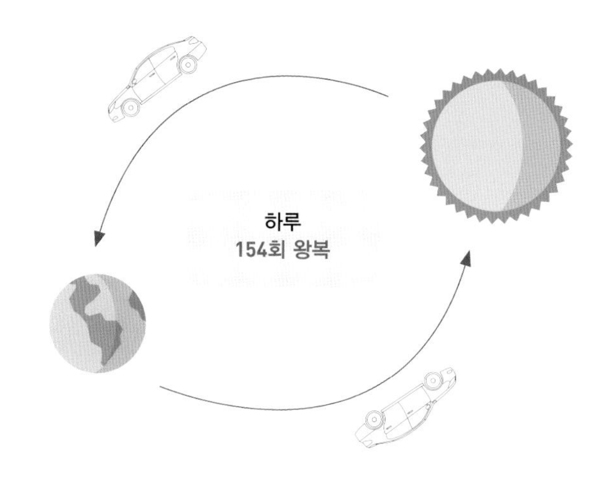


• 세계 주요 국가의 인구 1,000명당 자동차 보유대수(2018년 기준)

단위: 대

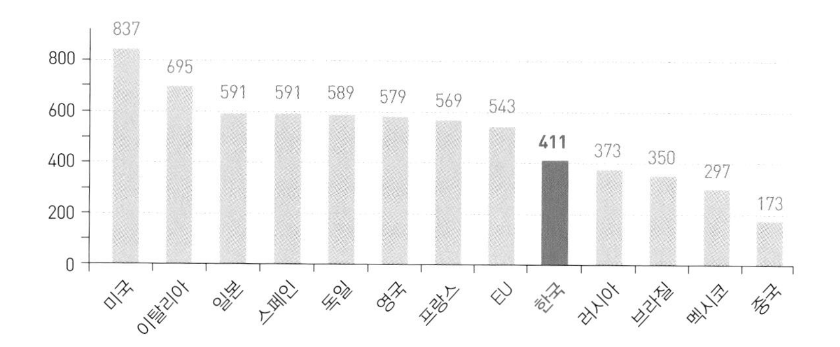

자동차 산업은 세계 경제성장을 견인하는 강력한 동력 중 하나다. 2018년 세계 자동차 생산대수는 9,672만 대, 매출 규모는 약 2조 5,000억 달러로 전 세계 GDP의 2.8%에 이른다. 자동차 제조업 종사자만 900만 명으로 전체 제조업 종사자의 6%가 넘으며, 관련 산업 종사자까지 포함하면 약 6,000만 명에 이른다. 2015년 기준 전 세계 자동차의 연간 주행거리는 대략 10조 마일16조 1,000억 km이다. 1마일 주행에 1달러의 비용이 발생한다고 하니, 전체 시장 규모는 약 10조 달러가 된다. 세계 최대 시장인 미국만 하더라도 렌터카, 석유, 차량 판매, 보험, 철강 등 관련된 가치 사슬을 모두 합치면 시장 규모가 2조 달러에 달한다. 2014년 기준으로 자동차 산업에서 발생하는 매출은 미국 총 GDP의 11.5%에 이른다.

토요타, 혼다, 닛산 등 세계 최대의 자동차 산업을 갖고 있는 일본은 주요 제품 생산액 300조 엔 중에서 자동차 산업이 약 20%인 53조 엔을 차지한다. 자동차 관련 산업의 취업 인구는 534만 명으로 전체 취업 인구 6,440만 명의 8.3%나 된다.

우리나라 자동차 산업의 생산액은 2017년 기준으로 197조 원 정도다. 이는 최종 생산액에서 생산에 투입된 원재료와 부품의 가치를 제외한 금액으로 전체 제조업의 12.7%에 해당하는 수치다. 제조업이 한국 경제에서 차지하는 비중이 30% 정도이므로 전체 경제에서는 3% 이상을 자동차가 담당하고 있는 것이다.

수출 분야에서 보면, 2018년 자동차 수출액은 409억 달러로 반도체 1,267억 달러, 석유제품 463억 달러 다음으로 높다. 이는 한국 전체 수출액의 6.8%에 해당한다. 여기에 자동차 부품 231억 달러를 포함하면 총 수출액은 640억 달러로 수출액의 10.6%에 이르며, 단숨에 수출액 2위에 오른다. 한국 자동차 산업의 종사자는 36만 7,000명으로 전체 제조업 종사자의 8.9%이다. 연관 산업인 판매, 정비, 보험, 주유, 운송, 생산 기자재까지 고려하면 177만 명에 이른다.

자동차 산업의 생산유발계수는 2.252이다. 이 말은 자동차 산업에서 1억 원 어치의 생산이 발생하면 국가 전체 경제에서 2.252억 원의 생산이 유발된다는 의미이다. 자동차 산업의 생산유발계수는 주력 산업 중 철강 산업에 이어 두 번째로 높다. 한 단위 생산으로부터 발생한 부가가치를 뜻하는 부가가치유발계수는 0.689로 주력 산업 중 가장 높다. 10억 원의 생산 과정에서 발생하는 직접 및 간접 취업자 수를 말하는 취업유발계수 역시 8.6으로 전체 산업군 중에서 제일 높다. 이는 생산량이 10억 원 늘 때 8.6개의 신규 일자리가 새롭게 만들어진다는 의미다.

또한 자동차가 다니려면 도로를 건설해야 한다. 도로는 도시와 도시를 잇고 국토 전역을 연결한다. 우리나라는 이제 자동차로 가지 못할 곳이 없을 정도로 많은 도로를 가지고 있다. 국토교통부 도로현황조서에 따르면 우리나라의 도로 연장은 11만 1,314km이다. 여기에 차로 수와 폭을 고려해 도로 면적을 구해보면 1,126.7$km^2$에 달한다. 우리나라 국토 면적은 약 10만$km^2$이고 이 중 육지 면적은 9,761$km^2$이므로, 우리나라 도로는 전 국토육지 부분의 11.5%나 차지하고 있는 것이다.

우리나라의 2019년 기준 자동차 보유대수는 2,368만 대이고, 주차장 확보율은 100%를 상회하고 있다. 주차면 하나는 통로를 포함할 경우 평균 40$m^2$에 이른다. 이를 적용하여 주차장이 차지하는 총 면적을 계산하면 947.2$km^2$이다. 서울시 605.24$km^2$보다 큰 면적이 자동차 주차장으로 사용되고 있다.

이번에는 도시에서 도로와 주차장이 어느 정도의 면적을 차지하고 있는지 살펴보자. 서울시를 예로 들면 도로 연장은 8,310km에 도로 면적은 86.02km²이다. 서울시 행정구역 면적이 605.24km²이므로 서울시에서 도로가 차지하는 면적은 14.4%에 이른다. 서울시의 자동차 보유대수는 308만 3,007대, 주차면은 398만 3,291면이고, 주차장 확보율은 129.2%에 달한다. 총 주차면적을 구하면 129.5km²에 이른다. 이 주차장을 모두 펼쳐 놓으면 그 면적은 서울시의 21.4%에 해당한다. 도로와 주차장이 도시 내에서 차지하는 면적은 실로 엄청나다.

• 우리나라 도로 연장 및 면적(2019년 기준)

| 구분 | 2차로 | 4차로 | 6차로 | 8차로 | 10차로 | 미포장 | 미개통 | 총계 |
|---|---|---|---|---|---|---|---|---|
| 도로연장(㎞) | 66,062 | 22,276 | 5,521 | 2,188 | 409 | 6,736 | 8,122 | 111,314 |
| 도로면적(㎢) | 528.5 | 334.1 | 121.5 | 63.5 | 14.7 | 53.9 | 121.8 | 1,238.0 |

- 차로 폭 3.5m를 적용, 도로 양단의 측구(0.5mX2) 1m를 적용
- 미포장은 2차로, 미개통은 4차로 도로라고 가정

## 02 자동차가 바꾼 도시와 삶의 풍경

오늘날 자동차는 경제 산업 분야는 물론 토지 이용, 개인에 이르기까지 전 방위적으로 영향을 주고 있다. 자동차가 미치는 영향은 여기서 그치지 않고, 도시인의 삶과 도시 공간에도 큰 변화를 주었다.

오늘날 세계 인구의 5분의 1이 600개의 도시에 살고 있다. 인구의 도시 집중은 자동차의 발명 이전에는 생각할 수 없던 것이다. 산업혁명 직후에는 철도역을 중심으로 보행이나 마차로 접근 가능한 거리 내에서 도시가 만들어졌다. 하지만 자동차는 그 공간적 제약을 모두 허물었다. 기존의 도시는 그 공간을 더욱 넓힐 수 있었고, 새로운 도시는 반드시 철도역 근처가 아니라도 상관없게 되었다.

자동차는 우리의 삶도 바꿔놓았다. 자동차가 가져다 준 이동의 자유는 사람을 연결시켰고, 정보를 공유할 수 있도록 했다. 정치·경제·사회·문화·예술 등 모든 정보가 자동차에 실려 도시 곳곳으로 전파되었다. 지방에서 개최되는 어떤 학회나 컨퍼런스라도 참석이 가능해졌으며, 다른 도시의 전문가들이 서로 지식을 나누는 일도 어렵지 않게 되었다. 정보뿐만 아니다. 공장에서 만들어진 제품들은 며칠이 채 지나지 않아 소비자의 손에 들어온다. 물류 차량들은 쉴 새 없이 도시를 오가며 필요한 물품과 자재를 공급하고 있다.

오늘날 도시에 사는 우리는 먼 거리 이동이 부담스럽지 않다. 어디든 마음만 먹으면 편하게 갈 수 있다. 사람을 만나는 것이 쉬워지고 친구 관계를 오랫동안 유지할 수 있다. 시골에 계신 편찮은 부모님을 자주 찾아뵙는 것도 가능하다. 대면의 기회가 많아지니 기업의 업무 효율성이 높아졌고, 여가 시간의 활용도 다양해졌다. 지방의 유명한 축제에 때를 맞춰 찾아갈 수도 있다. 지자체에서는 서울에서 멀다는 이유로 축제 여부를 고민하지 않는다. 주말이면 도시를 벗어나 더 멀리 자유롭게 다른 지역의 산과 바다로 갈 수 있다. 다양한 문화예술 활동에 참여할 수도 있다. 도시 내 영화관, 공연장, 미술 전시회를 찾아보는 것도 이제는 일상이 되었다.

자동차는 우리가 집을 선택할 때 입지적 제약을 획기적으로 줄여 주었다. 물론 지하철역이 주거지 선택의 중요한 요건이긴 하지만, 자동차가 있다면 반드시 역 부근이 아니어도 된다. 녹지나 공원, 학교, 학원 등 다른 거주 환경이 더 살고 싶은 장소가 되기도 한다. 직장과 주거가 반드시 가까울 필요가 줄어들었고, 주거, 업무, 상업, 산업 시설의 분리가 도시계획에서 자연스럽게 받아들여지고 있다. 도시의 중심부에는 상업, 업무, 산업 시설이 들어가고, 주거지는 도심부 밖으로 이동하는 것이 흔한 일이 되었다.

자동차를 이용해 쉽고 빠르게 도심부에 접근할 수 있게 되면서 도시의 외연 확대도 함께 진행되었다. 서울과 같은 대도시는 이미 여러 개의 부

도심이 존재하는 다핵도시로 발전하였다. 교외 도시를 건설하기 위한 토지 수요는 도로 건설과 더불어 외곽으로 더욱 확산되었다. 서울 주변의 분당, 일산, 평촌, 동탄 신도시가 그런 교외 도시라 하겠다. 이들 도시는 도시 고속도로 덕택에 주거 수요를 흡수할 수 있었고, 거주민들은 서울 직장으로 출근을 할 수 있게 되었다. 또한 시간이 지나 위성도시에도 관공서가 생기고, 기업 본사와 은행이 들어섰다. 일자리가 생기고, 대형병원과 극장, 공연장도 생겼다. 촘촘한 도로가 건설되어 도로망을 이루고, 자동차를 위한 주유소와 주차장, 정비소가 도시 곳곳에 건설되었다. 베드타운Bed Town에 지나지 않았던 도시들이 자립적인 경제, 산업, 문화 생태계를 만들어 내고 서울에 의지하지 않는 독자적인 도시의 모습을 완성해 가고 있다.

이처럼 자동차는 이전의 어떤 교통수단보다 높은 이동의 자유도를 통해 공간적 제약을 해체시켰고, 개인의 삶은 물론 도시에도 역동적인 변화를 이끌어 냈다. 그러나 동시에 교통혼잡, 교통사고, 대기오염 등 해결책이 없을 것 같은 도시문제도 낳았다. 자동차로 인해 발생한 문제에 대해 헤르만Andreas Herrmann 등은 저서 『자율주행』에서 "자동차로 인한 문제는 지엽적인 문제가 아닌, 전 세계적인 문제로 막대한 사회적 비용을 초래한다"고 지적했다. 앞서 말했듯이 전 세계 자동차의 연간 주행거리는 16조 1,000억 km에 이른다. 여기에 쏟아 붓는 연료 소모량은 1조 8,930억 리터이고, 주차장으로 사용되는 공간은 11만 1,369km²로 맨해튼 면적의 1,886배, 서울시 면적의 184배의 땅을 차지하고 있다. 그뿐만이 아니라 매년 자동차 사고로 사망하는 사람은 무려 125만 명이며, 부상자 수는 5,000만 명에 이른다. 이외에도 자동차는 도로와 주차장 건설로 생태계를 훼손하고 있으며, 교통혼잡으로 엄청난 사회적 비용을 낳고 있다.

## 03 인류의 시간과 생명을 빼앗는 자동차

앞에서는 분명 자동차가 우리에게 이동의 자유를 가져다 주었다고 말했는데, 이번에는 자동차가 우리의 시간을 뺏는다고 하니 이게 무슨 소리일까?

우리나라의 자동차 등록대수는 2,368만 대이다. 전체 가구 수가 약 2,000만 가구이니 가구당 적어도 한 대 이상 보유하고 있는 것이다. 또 인구가 5,160만 명이므로 100명당 45대를 보유하고 있는 셈이 된다. 이렇게 많은 자동차들이 도로를 통행하다 보니 각종 도시문제가 우리나라에도 그대로 나타나고 있다.

자동차로 인한 도시문제 중 하나는 교통혼잡이다. 한국교통연구원이 추정한 우리나라의 교통혼잡 비용은 연간 59.6조 원으로, 국민총생산의 2%에 해당하는 엄청난 비용이다. 교통혼잡 비용은 인건비, 차량 감가상각비, 보험료, 제세공과금, 연료소모비 등의 차량 운행비용과 시간손실에 대한 기회비용의 합을 의미하는데, 이 비용은 자동차 증가와 함께 꾸준히 증가하여 지난 10년간 40%나 증가했다.

교통혼잡 구간이란 것이 있다. 하루 24시간 중 한 시간이라도 평균 속도가 기준 속도 이하로 떨어지는 구간을 의미한다. 고속도로의 기준 속도는 시속 40km, 도시 고속도로는 시속 30km, 특별·광역시 도로는 시속 15km이다. 2016년 서울시만 해도 교통혼잡 구간 비율은 전체 도로의 22.8%나 된다.

교통혼잡이 아니라도 자동차를 타는 순간부터 우리는 자동차에 시간을 빼앗긴다. 신호등 앞에서 멈춰 기다려야 하며, 주차장을 배회하며 주차할 자리도 찾아야 한다. 어떤 경우에는 아예 주차할 공간을 못 찾아 수십 분을 잃어버리기도 한다. 약속 시간에 맞추려고 일부러 수십 분을 먼저 도착해 기다리는 일도 있다. 그러다보니 서울 같은 대도시에서는 대중교통이 인접한 곳을 주거지로 선호하게 되고, 이것은 도시의 비정상적인 주택 가격 문제를 유발한다.

• 우리나라의 교통혼잡 비용 추이

단위: 조 원

| 연도 | 2010 | 2011 | 2012 | 2013 | 2014 | 2015 | 2016 | 2017 |
|---|---|---|---|---|---|---|---|---|
| 교통혼잡 비용 | 28.5 | 29.1 | 30.3 | 31.4 | 32.4 | 33.3 | 55.9 | 59.6 |

• 2016년 이후에는 시·군 도로를 포함하여 교통혼잡 비용을 추정

• OECD 국가의 자동차 1만 대당 교통사고 사망자(2018년 기준) 단위: 명

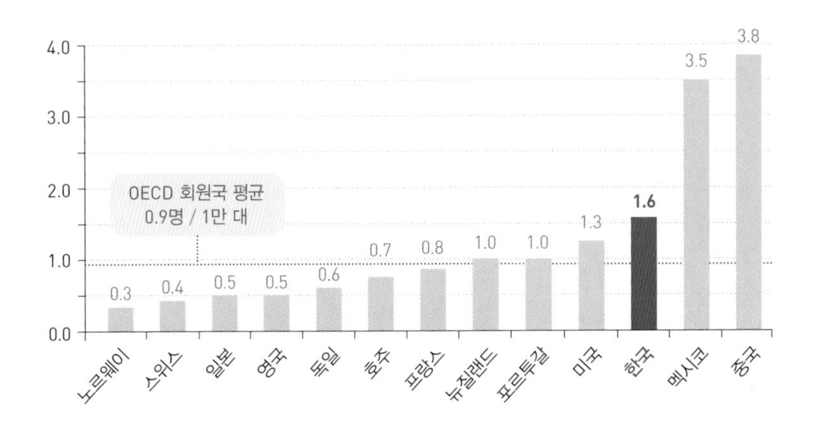


또한 자동차는 우리의 생명을 위협한다. 2018년 기준 우리나라의 자동차 사고건수는 21만 7,000건, 사망자 3,781명, 부상자는 32만 3,000명에 달한다. 교통사고 사망자가 4천 명 아래로 내려가면서 정부는 환호하고 있지만, 교통사고 건수와 부상자 수는 안심할 수준이 아니다. 게다가 OECD 회원국 내에서 우리나라는 여전히 하위권에 머물고 있다. OECD 국가의 연간 자동차 1만 대당 교통사고 사망자는 평균 0.9명인 반면 우리나라는 1.6명으로 아직도 2배 가까이 높다.

도로에서 교통사고로 인한 사회적 비용은 2018년 기준 25조 856억 원에 달한다. 이 중 사망, 부상 등 인적 피해비용은 49.8%인 12조 4,806억 원, 차량손해와 대물 피해의 물적 피해 비용이 44.2%인 11조 825천억 원, 보험 및 경찰 등의 사회기관 비용이 6.1%인 1조 5,225억 원이다. 이 비용은 2018년도 GDP의 1.3%, 국가예산의 5.9% 수준에 이른다.

## 04 인간과 지구를 병들게 하는 자동차

자동차 사회는 필연적으로 대기오염 문제를 발생시킨다. 물론, 에너지·제조·건설 등 산업화에 따른 영향도 있지만 자동차가 내뿜는 오염물질은 절대적이다. 그도 그럴 것이, 수송 부문의 석유 소비량은 2018년 기준 4,280만 톤이나 된다. 국가 전체 에너지 소비의 18.3%를 차지하는 양이다. 그만큼 석유 연소 시 발생하는 대기오염 물질이 클 수밖에 없다는 얘기다. 특히 대기오염의 가장 큰 원인이 되는 공장이나 발전소 시설이 도시 외곽에 있으니 도시 대기오염의 원인은 자동차가 전부라 해도 과언이 아니다. 실제로 대도시 대기오염의 80% 이상이 자동차의 배출가스에서 발생하는 것으로 보고된다.

자동차의 대기오염 물질은 질소산화물NOx, 일산화탄소CO, 아황산가스$SO_2$, 납Pb, 오존$O_3$ 등을 포함하는 입경 10마이크로미터㎛ 이하PM10의 미세한 먼지로 호흡기 깊은 곳까지 침투해 각종 호흡기 질환, 심장질환, 혈액과 폐의 염증 반응을 불러일으키고, 피부 트러블의 원인이 되기도 하며 눈병과 알레르기를 악화시킨다.

세계보건기구 산하 국제암연구소는 미세먼지 중 블랙카본화석연료의 연소 과정에서 발생하는 탄소결정체을 1급 발암물질로 규정하기까지 했다. 노르웨이의 기상연구소는 유럽 전역에서 자동차가 배출하는 질소산화물로 인해 해마다 약 1만 명이 조기 사망한다고 언급하면서, 자동차의 질소산화물 배출을 제한했다면 조기 사망의 50%는 줄일 수 있었을 것이라고 지적한다.

WHO의 미세먼지 권고기준은 연평균 20㎍/㎥이며 초미세먼지PM2.5의 경우에는 10㎍/㎥이다. 반면 2017년 기준 서울시 초미세먼지 연평균 농도는 24.0㎍/㎥으로 WHO의 권고수준을 훨씬 상회할 뿐만 아니라 세계의 대도시들과 비교해도 매우 높은 수준이다. 국립환경과학원 통계에 따르면 2017년 기준 서울시 미세먼지의 5.2%와 경기도의 미세먼지의 7.2%가 도로 이동 오염원에서 발생하는 것으로 나타났다.

또한 자동차는 지구온난화의 주요 원인이 되는 온실가스의 가장 큰 배출원이다. 지구온난화는 지구 생태계의 생존과 직결되는 문제로, 전 세계가 함께 대처해야 한다.

미국 기상학회의 발표에 따르면, 2018년 지구 기온이 1800년대 이래 4번째로 높았고, 온실가스 배출은 최대치를 기록했다고 한다. 이산화탄소, 산화질소, 메탄 등의 온실가스 배출 중 특히 이산화탄소 집중도는 407.8±0.1ppm을 기록해 지구온난화에 미치는 영향이 산업화 이전1750년과 비교해 147%나 높아졌다고 한다.

2018년 기준으로 수송 부문은 전체 온실가스 배출량의 24.6%를 차지하며, 이 중 72%는 자동차에 의해 발생했다. 또한 2018년 전 세계 자동차 회사에서 판매된 자동차의 탄소발자국, 즉 생산부터 사용, 폐기 과정에서 배출되는 이산화탄소의 총량은 48억 톤으로, 이는 전 세계 이산화탄소 배출량의 9% 수준이었다.

우리나라 정부는 우리나라 온실가스 배출량을 7억 914만 톤$CO_{2}eq$으로 확정했다고 밝혔다. 이 중 수송 분야의 온실가스 배출 비중은 13.9%에 이른다. 온실가스 감축에 수송 부문이 중요한 이유다. 특히 도로는 수송 부문에서 온실가스 배출량 비율이 2017년 약 9,427만 톤으로 95.9%이며, 전체 산업 분야를 포함할 때는 13.3%나 된다. 도시로 가면 더 심각하다. 서울시 전체 온실가스 배출량 약 4,668만 톤에서 수송 부문은 20%에 이르기 때문이다.

2015년 12월, 세계 각국은 파리협정을 통해 산업화 이전 대비 지구 평균기온상승을 2℃보다 낮은 1.5℃ 이하로 제한하는 데 합의했다. 이에 따라 우리나라도 2030년까지 온실가스 배출량을 BAUBusiness As Usual, 현행 정책 이외에 추가적인 조치를 취하지 않았을 때의 미래 온실가스 배출량 전망치 대비 37% 감축할 것을 공표한 바 있다. 또한, 환경부는 이런 내용을 담은 제2차 기후변화 대응 기본계획에서 온실가스 배출량을 2030년까지 지금보다 24% 감축하겠다고 확정했다. 이를 위해 수송 부문에서는 전기자동차 300만 대, 수소전기자동차 85만 대 등 친환경 자동차의 누적 보급대수를 385만 대로 늘리기로 했다.

# 05 실패한 대중교통 정책

많은 도시에서 자동차로 인한 도시문제를 해결하기 위해 대중교통 수송 분담률을 높이려고 노력 중이다. 사실 서울시와 같은 대도시의 대중교통 수송 분담률은 매우 높은 편이다. 서울시가 74%이고, 도쿄 역시 우리와 비슷한 74.1%이다. 싱가포르가 60.3%, 베이징이 53.7%, 런던이 56.7%이다. 대도시의 대중교통 수송 분담률이 높은 것은 교외 도시를 광역급행철도로 연결하여 중심성을 강화하고, 대중교통의 접근성을 개선하고 있기 때문이다. 때문에 대도시의 많은 시민들은 교통혼잡을 피해 대중교통을 이용하는 것이 낫다고 생각한다. 반면 지방 도시는 그렇지 못하다. 시민들이 선호하는 지하철이나 트램은 막대한 자본이 투입되는 건설 사업이기에 규모가 작은 도시는 엄두를 낼 수조차 없어 버스가 유일한 대중교통 수단이 된다. 그러나 그마저도 충분하지 못해 대중교통 분담률은 그리 높지 않다.

• 출근시간 교통 정체로 몸살을 앓고 있는 도로

그런데 만약, 자동차로 인한 도시문제가 사라진다면 그때도 우리는 대중교통을 계속 타려고 할까? 그렇지 않을 것이다. 공공의 이익을 떠나서 대중교통은 매우 불편한 교통수단이기 때문이다. 버스나 지하철, 철도역까지 가는 데 소요되는 시간을 고려해야 할 뿐만 아니라 날씨가 궂을 때는 더욱 불편하다. 우리나라 사람들은 평균적으로 출근에 41.8분, 퇴근에 54.6분을 쓰는데, 대중교통을 이동할 경우 한 번 이상은 갈아타야 한다. 환승 거리도 만만치 않다. 고속버스터미널의 7호선 승강장에서 9호선 승강장까지는 무려 314m로 7분이나 걸린다. 한가한 시간을 빼놓고는 자리에 앉아 가는 것도 쉽지 않다. 좁고 혼잡한 공간을 낯선 사람들과 있어야 하며, 눈을 둘 곳이 없으니 스마트폰만 쳐다보게 된다. 자동차처럼 내가 원하는 온도로 조절하지 못하니 여름에는 냉방 때문에 너무 춥고, 겨울에는 난방 때문에 너무 덥다.

게다가 2020년에는 신종 코로나바이러스코로나19가 전 세계를 강타하면서 자동차가 없어 대중교통을 타고 출퇴근하거나 업무를 처리해야 하는 사람들에게 버스나 지하철은 불안 그 자체였다. 코로나바이러스는 감염률이 워낙 높고, 무증상 감염자가 많아 대중교통을 함께 탄 사람들과의 접촉이 걱정될 수밖에 없기 때문이다.

택시 역시 번잡한 도시의 교통문제를 해결하기 힘든 건 마찬가지다. 정부는 질 좋은 서비스를 공급하기 위해 택시 총량제로 택시 면허를 관리하고 있다. 그럼에도 택시 이용자가 많을 때 특정지역을 선호하는 운전자로 인해 승차거부를 당해본 경험이 한두 번은 있을 것이다. 심야 시간에 강남역에서 택시를 잡는다는 것은 간단한 문제가 아니다. 사람들은 보도 밖으로 나와 빈 차에 소리를 치지만, 택시 운전사는 손을 내젓고 맘에 드는 손님을 태우려고 한다. 실제로 서울 시민들의 22.6%는 승차거부를 택시의 가장 큰 문제로 생각하고 있다.

한밭대학 도명식 교수 연구실에서 서울과 대전을 대상으로 각각 3만 990건, 4,294건의 택시 호출 데이터를 분석한 적이 있었다. 그 결과, 서울에서는 34.8%, 대전에서는 20.6%의 택시 운전사들이 요청 콜에 응답하지 않았거나 취소했다. 이유는 목적지가 너무 가깝거나, 선호하지 않는 지역이기 때문이었다. 택시 호출 서비스도 마찬가지다. 서울시의 경우 택시 호출은 평상시보다 기온이 35℃ 이상일 때 23%, 영하 10℃ 이하일 때 3%, 강수량 30mm 이상일 때 54%, 30mm 이상의 눈이 내릴 때 48% 증가하였다. 그러나 날씨가 더운 날엔 2%, 추운 날엔 1%, 비 내린 날엔 14%, 눈 내린 날엔 31%의 택시가 운행을 하지 않았다. 기상조건이 나쁠 때 택시 수요가 느는 반면, 택시 운행은 오히려 줄어드는 수요 공급의 불일치가 시민의 불편을 가중시키고 있는 것이다.

결국 대중교통은 자동차가 만든 도시문제 해결을 위한 차선책에 불과하다는 사실을 알 수 있다. 아무리 편안한 대중교통이라고 해도 한 가지 이상은 불편한 점을 품고 있기 때문에 대중교통이 자동차를 100% 대체할 순 없기 때문이다. 따라서 이 이상 대중교통이 도시 문제를 개선시켜주길 기대하는 건 쉽지 않아 보인다.

그런데, 만약 도시문제를 해결할 수 있는 새로운 모빌리티가 등장한다면 어떻게 될까? 개인 승용차만큼 편리하고, 교통사고와 교통혼잡을 발생시키지 않으며, 대기오염 물질을 배출하지 않는 그런 모빌리티 말이다. 그땐 우리의 대중교통 지향 정책에 많은 수정이 필요하게 되지 않을까?

다음 장에서 우리는 가까운 미래에 모빌리티 산업의 주역으로 떠오를 전기자동차와 공유자동차 그리고 자율주행자동차에 대해 알아볼 것이다. 이들이 가져올 혁신적인 변화, 특히 도시 교통, 도시 공간, 도시 속 우리 삶의 변화를 깊이 있게 다룰 것이다.

# 02 미래의 모빌리티

*전기자동차, 공유자동차, 자율주행자동차는*
*기존 자동차가 가져온 각종 문제들을*
*해결하려는 동일한 욕망에서 탄생했다.*
*이들의 결합은 모빌리티의 미래이자*
*사람이 자동차를 이용하는*
*새로운 패러다임이 될 것이다.*

chapter. 01

# 자동차 산업의 위기와 새로운 모빌리티 산업

## 01 도시문제를 해결할 차세대 자동차

자동차는 이동의 자유를 제공해 개인의 삶은 물론 도시의 공간적 제약을 극복할 수 있도록 도왔다. 하지만 한편으로는 교통혼잡, 교통사고, 대기오염 등 다양한 도시문제를 일으켰다. 대다수의 국가들은 이러한 도시문제를 해결하기 위해 버스나 지하철 등 대중교통 이용을 권장하고 있다. 그러나 대중교통이 늘 집 앞에 있는 것도 아니고, 아예 이용하기 어려울 때도 많다. 도시에서 교통문제를 해결할 뿐만 아니라 더 편리한 대안이 있다면, 우리가 대중교통을 고집할 이유가 있을까?

자동차의 근본적인 문제는 화석 에너지를 사용한다는 것, 인간이 운전해야 한다는 것, 구매하고 소유해야 한다는 것이다. 그런데 최근 전기자동차, 공유자동차, 그리고 자율주행자동차가 이러한 자동차의 근본을 뿌리째 흔들며, 기존의 내연기관 자동차의 지위를 빠르게 파괴하고 있다. 게다가 이들은 따로 시작했지만 서로 연합하면서 기존 자동차로 인한 도시문제를 일제히 해결할 수 있다는 믿음을 준다.

자율주행자동차는 운전자로 인해 발생하는 교통사고를 사라지게 할 것이다. 운전자보다 뛰어난 운전 실력으로 출발 지연이나 병목을 만들지 않아 도로 소통에도 크게 기여할 것이며, 연결성이 뛰어나 대중교통과 마지막 목적지 간의 라스트 마일Last Mile을 책임질 것이다.

여기에 전기자동차와 공유자동차가 결합하면 도시문제 해결에 더욱 큰 기여를 할 것으로 기대된다. 먼저 AI와 제어 프로그램 등 복잡한 소프트웨어가 탑재되어야 하는 자율주행자동차는 전기자동차로 구성되는 것이 더욱 안정적이다. 내연기관과 배터리를 따로 설치하는 것보다 하나로 통합하는 것이 더 효율적이기 때문이다. 따라서 글로벌 완성차 업체들은 10년 내에 내연기관을 포기하고 전기자동차로 갈 것이며, 이는 머지않아 도시의 대기오염과 온실가스 문제를 해결할 것이다.

또한 자율주행자동차는 공유자동차 서비스를 더욱 촉진시킬 것이다. 공유자동차의 서비스 비용은 대부분 운전자 인건비에서 발생한다. 반면 운전자가 없는 공유자동차는 50% 이상의 비용 절감이 예상된다. 따라서 자율주행자동차는 공유자동차의 서비스 요금을 낮추면서도 이용의 편리성을 한층 높일 것이다. 그렇게 되면 공유자동차는 지금보다 훨씬 더 높은 비율로 교통수단을 점유할 것이며, 자연스럽게 자율주행자동차의 가장 큰 시장은 공유자동차가 된다. 자동차 완성업체가 우버, 리프트, 디디추싱과 같은 공유자동차 기업에 투자하는 이유가 여기에 있다.

개인자동차를 대체할 공유자율주행자동차는 자동차 소유를 크게 줄이고 교통혼잡을 감소시킬 것이다. 2019년 10월 16일, 산업통상자원부는 '미래자동차 산업 발전 전략'을 발표하였다. 2024년까지 완전자율주행자동차와 제도를 완성하고, 2027년에는 전기자동차 비율을 33%까지 올릴 것이라고 한다. 여기에는 완전자율주행자동차의 상용화와 공유자동차 서비스를 포함한 9대 서비스의 시행도 들어가 있다.

이 발전 전략에는 세 가지 배경이 자리 잡고 있다. 첫 번째는 세계 내연기관 자동차 시장의 부진과 테슬라와 비야디BYD를 중심으로 한 신생 전기자동차 시장의 확대이며, 두 번째는 구글의 웨이모 등 IT 기업의 자율주행자동차 개발 참여, 그리고 세 번째는 우버, 디디추싱, 그랩을 중심으로 한 플랫폼 기반 공유자동차의 가치가 기존 자동차 산업을 뛰어넘을 것으로 판단하기 때문이다.

## 02 자동차 완성업체의 위기

벤츠가 내연기관 자동차 페이턴트 모터바겐을 발명한 1886년 이래, 자동차 산업은 세계 경제 성장을 견인하는 가장 강력한 동력이었다. 130년이 지난 오늘 세계 자동차는 13억 2,000만 대가 도로를 누비고 있다. 자동차의 전 세계 매출 규모는 약 2조 1,000억 달러 2,454조 9,000억 원로 전 세계 GDP의 2.8%를 차지한다. 자동차 제조업 종사자만 900만 명이며 관련 산업 종사자까지 포함하면 약 6,000만 명에 이른다.

우리나라의 경우, 자동차 산업의 2017년 기준 생산액은 197조 원으로 전체 제조업의 12.7%에 해당한다. 총 수출액은 640억 달러로 산업 전체의 10.6%로 전체 산업 중 2위 규모다. 전체 제조업 종사자의 8.9%36만 7,000명를 차지하는데, 연관 산업 종사자까지 고려하면 무려 177만 명이나 된다.

그런데 이런 거대한 자동차 산업이 흔들리고 있다. 정확히 말하면 내연기관 자동차 완성업체에 위기가 찾아왔다고 해야 할 것이다.

파리기후협약은 높은 수준의 온실가스 배출 저감 목표를 달성하도록 강요한다. 유럽연합은 2025년까지 자동차 1km 주행거리당 이산화탄소 배출량을 현재의 가솔린 엔진 140g, 디젤 엔진 110g에서 70g까지 감소시켜야 한다. 내연기관으로 이를 달성하기에는 매우 어려우며, 전기자동차만이 가능하다. 유럽은 또한 이산화탄소 외 질소산화물, 매연입자 등 다른 유해 배출가스를 제한하기 위해 2014년부터 유로6를 적용했다. 미국 내에서 까다로운 환경규제로 유명한 캘리포니아에서도 유로6를 적용하고 있었다.

그런데 2015년 폭스바겐 배기가스 조작 사건이 터졌다. 디젤게이트라 불리는 이 사건은 10여 년간 클린 디젤로 세계를 열광시킨 폭스바겐이 유로6의 환경 기준을 통과하기 위해 질소산화물 저감 장치를 조작했다가 미국에 제소된 사건이다. 1,100만 대의 차종이 리콜된 디젤게이트는 내연기관의 한계를 분명하게 드러내면서 관련 자동차의 종말을 앞당긴 계기가 되었다.

설상가상으로 전기자동차가 내연기관 자동차의 자리를 다시 위협하고 있다. 내연기관과 거의 동시대에 발명된 전기자동차는 충전과 주행거리 문제로 내연기관에 100년 이상 자동차 업계의 패권 자리를 내줬었다. 그러나 디젤게이트 사건이 터지면서 기후변화와 환경오염으로부터 지구를 살려야 한다는 목소리가 높아졌고, 자동차 완성업체들이 전기자동차라는 새로운 대안을 찾도록 만들었다.

공유자동차의 약진 및 IT 기업의 자율주행자동차 개발도 미래 자동차 산업 지도의 큰 변화를 예고하고 있다. 공유자동차 기업인 우버, 리프트,

디디추싱의 미래 가치를 인식한 많은 기업들이 이들 기업에 투자하고 있으며, 지분을 확보하려 노력 중이다. 전기자동차, 공유자동차, 자율주행자동차를 미래 산업의 핵심으로 인식하고, 모빌리티 서비스 및 새로운 인터넷 비즈니스의 장으로 판단하고 있기 때문이다. 이 판단이 맞다면 미래의 자동차는 소유를 위한 제품에서 스마트폰처럼 모빌리티 서비스를 위한 단말기로 변화될지 모른다. 미래에는 어떤 회사의 자동차 브랜드인가보다는 어떤 모빌리티를 제공하고 있는지, 어떤 자율주행 AI를 쓰는지, 어떤 비즈니스 서비스가 제공되는지가 중요하게 될 것이다.

전기자동차를 생산하는 테슬라와 차량 공유 서비스 업체인 우버가 기존 자동차 회사의 기업 가치를 뛰어넘고, 소프트뱅크Softbank와 같은 대형 투자자들이 지분 참여를 하는 것도 미래 모빌리티 플랫폼의 중심이 자동차 완성업체에 있지 않다는 것을 반증한다. 하버드 비즈니스 스쿨의 크리스텐슨Clayton M. Christensen은 자신의 저서『혁신기업의 딜레마』에서 최강의 경쟁력을 갖춘 기업이 왜 신기술 출현에 그토록 무력한가에 대해 "패러다임이 전환되는 과정에서 자기 파괴적 혁신이 없었기 때문"이라고 썼다. 그는 "기존 강자가 성능 개선 등의 점진적 개선이라는 존속적 혁신에 머무르는 동안 새로운 시장과 가치를 여는 파괴적 혁신을 하는 기업이 새로운 강자가 될 것"이라고 했다. 다시 말하면, 기존 자동차의 성능 개선에 머물지 않고, 전기자동차와 자율주행자동차, 공유자동차를 통해 기존 산업을 파괴하고 새로운 시장과 가치를 만들어내는 기업이 미래의 승자가 될 것이다.

이에 기존의 자동차 제조업체들은 다양한 형태의 투자 및 제휴로 자기 파괴적 혁신을 도모하고 있다. 가령 토요타는 우버에, GM은 리프트에, 다임러 AG는 볼트에, 폭스바겐은 게트에, 현대자동차그룹은 그랩에 투자했다. 다임러 AG는 카투고, BMW는 드라이브 나우라는 공유자동차 업체를 직접 운영하고 있다. 그러나 세계 공유 시장에서 그들의 존재감은 그리 크지 않다. 자율주행자동차에 있어서도 GM이 유일하게 두각을 나타내고 있을 뿐이며, 대부분의 자동차 제조업체들은 구글, 테슬라, 우버, 아마존에 이미 기술적으로 뒤쳐져 있다. 더욱 큰 문제는 기존 자동차 제조업체들이 자율주행을 자기 파괴적 혁신이 아닌 자동차 기술 발전 과정의 한 단계로 보고 있다는 것이다. 자율주행자동차 개발에 참여하고 있는 IT 기업들이 중간 단계 없는 완전자율주행자동차 개발을 목표로 하고 있는 반면, 자동차 제조업체는 단계별 접근을 하고 있다는 점에서 그들에게 자기 파괴적 혁신을 기대할 수 있을지 의문이 든다.

## 03 교통 혁신이 바꿀 우리의 삶

전기자동차, 공유자동차, 자율주행자동차는 자동차가 가져온 각종 문제들을 해결하려는 동일한 욕망에서 탄생했다. 이들의 결합은 모빌리티의 미래이자 사람이 자동차를 이용하는 새로운 패러다임이 될 것이다.

그 변화는 우리 눈으로 직접 확인할 수 있다. 먼저, 새 패러다임은 교통혼잡, 교통사고, 대기오염 등 자동차로 인한 문제를 해결할 것이다. 이유를 알 수 없는 유령 정체가 사라지며, 목적지 도착 시간을 정확히 예측할 수 있게 된다. 또, 자연재해나 비정상적인 이유를 제외한 운전자로 인해 발생하는 모든 교통사고가 사라진다. 자율주행자동차의 경제적 주행과 전기 동력으로 배기가스가 사라진 도시의 하늘은 전에 없이 깨끗해지고, 그동안 문제 해결을 위해 지불해야 했던 엄청난 사회적 비용은 국가가 필요로 하는 다른 곳에 유용하게 쓰이게 될 것이다.

• 가로변의 전기자동차 충전소

장애인이나 고령자 등 이동에 제약이 많거나 직접 운전이 어려운 교통약자의 이동 욕구가 해결될 수 있다. 자동차를 소유하면서 발생했던 주유·세차·정비 행위가 불필요해지며, 주차장을 찾을 필요도 없고, 주차 행위 자체도 사라진다. 버스 정류장이나 지하철역, KTX역 입구 바로 앞에서 타고 내릴 수 있어 대중교통의 이용이 더욱 편리해진다. 저렴한 요금의 자율주행택시가 확대되면서 버스나 지하철 이용자는 오히려 감소할 지도 모른다. 아예 사라질 수도 있다.

운전자를 위한 신호등이 없어지고, 교통 표지판도 함께 사라질 것이다. 대신, 자율주행 AI가 인식하는 방식으로 세련되게 바뀔 것이다. 운전면허도 불필요해지고, 음주운전 단속, 과속 단속, 신호 위반 단속이란 용어도 사라지면서 교통경찰의 역할도 변화할 것이다. 대형 재난 지역으로 접근하는 긴급 자동차의 출동 시간이 더욱 빨라지고, 코로나19와 같이 전염병 대유행의 시기에는 인간이 접근하기 힘든 감염 지역의 생필품과 의료품 이송이 훨씬 더 쉬워진다.

이와 더불어 자동차는 이동 수단이 아닌 새로운 공간이 될 것이다. 음악을 듣거나 영화를 볼 수도 있고, 밀린 업무를 할 수도 있다. 이동하는 동안 탑승시간을 온전히 사용할 수 있어 개인의 삶은 풍요로워지며, 기업의 생산성도 증가한다.

도시의 공간 구조도 변화될 것이다. 이동 시간이 줄고 이동 중에도 가치 있는 일을 할 수 있으므로 주거 지역이 지금보다 더 외곽으로 이동할 여지가 생긴다. 지하철 역세권의 토지 가치가 떨어져 서울과 같은 대도시의 부동산 가격에 영향을 줄 것이다. 주차장은 공원, 물류기지, 전기자동차 충전소, 공유자동차 스테이션이나 보행 공간 등 새로운 용도로 전환될 것이다. 신도시는 주차장과 차로의 감소로 밀도 높은 도시 개발이 가능해질 것이다. 어쩌면 저층 구조의 도시나 녹지, 보행 공간이 풍부한 도시가 건설될지도 모른다. 주차장이 사라진 자리에는 자동차 승하차 공간이 도시 곳곳에 만들어지고, 전기자동차에 필요한 전력 공급을 위해 도시 외곽에는 대규모 태양광 발전소가 지어질 것이다.

물류 서비스 요금에서 운전자 비용이 사라지므로 화물 운송비가 떨어지고, 배송 산업이 더욱 발달할 것이다. 우버나 디디추싱은 아마존과 제휴하여 자율주행자동차를 이용한 화물 배송 서비스를 시작할 수도 있다. 구글은 광고를 보는 조건으로 콘텐츠를 허용하는 유튜브처럼 공유자율주행자동차를 무료로 이용하게 할 수도 있다. 그게 아니면 구독을 통해 자율주행자동차를 제공할지도 모른다. 이로 인해 자동차라는 하드웨어보다는 자동차에 들어가는 소프트웨어 산업이 더욱 커질 것이다. 미래에는 자율주행 AI와 엔터테인먼트, 업무 수행에 필요한 소프트웨어를 자동차에서 유료로 다운로드하며 지불한 만큼 선택적 서비스를 받게 될 가능성이 높다.

chapter. 02

# 새로운 전기자동차 기술과 테슬라의 혁신

## 01 미국과 유럽의 강력한 환경 규제

미국은 2012년 '기업평균연료경제표준'이란 이름으로 자동차 연비 수준을 규정하고 있다. 해당 법안은 2025년까지 모든 자동차들이 1갤런당 54.5마일의 연비를 달성할 것을 의무화하고 있다. 법안이 통과된 2012년도 당시 판매된 차들의 평균 연비는 1갤런당 23.2마일 수준이었으니 완성차 업체로서는 엄청난 도전에 직면한 것이다. 완성차 업체는 이 기준에 미달 시 판매대수×연비차이×대당 과징금 2016년 기준 55달러을 내야한다. 그러나 2025년의 갤런당 54.5마일은 기존 내연기관으로는 불가능한 연비다.

현재 미국에서 전기자동차 상용화에 가장 앞장서는 단체는 연방정부가 아니라 캘리포니아 대기자원위원회California Air Resources Board, CARB이다. CARB가 운영하고 있는 배출가스 제로 자동차 프로그램Zero Emission Vehicle program은 뉴욕, 뉴저지, 코네티컷, 매사추세츠 등을 포함한 다른 9

개 주에서도 채택되어 자동차 제조업체들의 전기자동차 시장 참여를 독려하는 기준이 되고 있다. 이 기준에서는 2018년까지 판매되는 자동차의 4.5%가 전기자동차, 플러그인 하이브리드Plug-In Hybrids 혹은 수소연료전지Hydrogen Fuel Cell 자동차와 같은 배기가스 제로 차량Zero-Emission Vehicles이어야 하며, 2025년에는 그 비중을 22%로 늘리도록 규정하고 있다. 만약 제조업체들이 전기자동차를 초과 생산한 경우에는 이를 크레딧 형태로 전환하여 생산량 미달 업체에 판매할 수 있게 허용함으로써 각 기업들이 실제 전기자동차 생산량을 유연하게 조절할 수 있도록 배려하고 있다. 이러한 시스템은 테슬라와 같이 수억 달러의 크레딧을 판매하는 신생 전기자동차 업체들의 성장에 크게 기여하고 있다.

유럽은 1992년부터 유로X라는 이름으로 자동차 배기가스 중 이산화탄소를 제외한 질소산화물NOx, 총탄화수소THC, 비메탄 탄화수소NMHC, 일산화탄소CO, 매연 입자PM 등에 대한 배출량 제한 규제를 시행하고 있다. 유로X는 선박과 비행기를 제외한 탈 것이 대상이며 유럽 내 수출 및 수입 자동차 모두가 해당된다. 이 기준을 만족하지 못할 경우에는 생산 판매는 물론 수입도 금지된다. 유로X는 유로1에서 유로6까지 있으며, 가솔린과 디젤 자동차를 별도로 규정하고 있다. 2014년 9월부터는 유로6가 적용되고 있으며, 우리나라에서도 2015년부터 유로6를 적용하고 있다.

• 유럽의 승용차 배출가스 기준 단위: g/km

| 경유 | | | | | | | | |
|---|---|---|---|---|---|---|---|---|
| 단계 | 시행일 | CO | THC | NMHC | NOx | HC+NOx | PM | P[#/km] |
| Euro 1 | 1992년 7월 | 2.72(3.16) | - | - | - | 0.97(1.13) | 0.14(0.18) | - |
| Euro 2 | 1996년 1월 | 1.0 | - | - | - | 0.7 | 0.08 | - |
| Euro 3 | 2000년 1월 | 0.64 | - | - | 0.50 | 0.56 | 0.05 | - |
| Euro 4 | 2005년 1월 | 0.50 | - | - | 0.25 | 0.30 | 0.025 | - |
| Euro 5a | 2009년 9월 | 0.50 | - | - | 0.180 | 0.230 | 0.005 | - |
| Euro 5b | 2011년 9월 | 0.50 | - | - | 0.180 | 0.230 | 0.005 | $6x10^{11}$ |
| Euro 6 | 2014년 9월 | 0.50 | - | - | 0.080 | 0.170 | 0.005 | $6x10^{11}$ |

| 휘발유 | | | | | | | | |
|---|---|---|---|---|---|---|---|---|
| 단계 | 시행일 | CO | THC | NMHC | NOx | HC+NOx | PM | P[#/km] |
| Euro 1 | 1992년 7월 | 2.72(3.16) | - | - | - | 0.97(1.13) | - | - |
| Euro 2 | 1996년 1월 | 2.2 | - | - | - | 0.5 | - | - |
| Euro 3 | 2000년 1월 | 2.3 | 0.20 | - | 0.15 | - | - | - |
| Euro 4 | 2005년 1월 | 1.0 | 0.10 | - | 0.08 | - | - | - |
| Euro 5 | 2009년 9월 | 1.0 | 0.10 | 0.068 | 0.060 | - | 0.005** | - |
| Euro 6 | 2014년 9월 | 1.0 | 0.10 | 0.068 | 0.060 | - | 0.005** | $6x10^{11}$** |

- 유로5 이전까지 2,500kg이 넘는 승용차는 경상용차 $N_1$-I 분류로 취급되었다.
- **직분사 엔진을 탑재한 경우에만 적용
- CO 일산화탄소 | THC 총탄화수소 | NMHC 비메탄 | NOx 질소산화물
  HC+NOx 탄화수소 및 질소산화물 | PM 매연 입자

## 02 내연기관의 한계를 드러낸 디젤게이트 사건

1970년대 이후 환경 관련 규제와 석유 수급 불안의 영향으로 탈석유화에 대한 관심이 높아졌다. 그러나 당시 기술로는 현실성이 없었고 유가가 안정되면서 전기자동차에 대한 관심도 누그러졌다. 하지만 2000년대부터 온실가스와 기후변화에 대한 두려움이 커지면서 각종 규제 및 정책이 쏟아졌고, 이는 내연기관 자동차를 대신할 새로운 대안을 요구했다.

이러한 요구에 힘입어 클린 디젤은 지난 10여 년간 전 세계를 열광시켰다. 내연기관차의 한계, 즉 디젤엔진의 단점이었던 소음과 진동을 잡고 환경적 기준인 매연과 질소산화물을 최소화할 수 있는 디젤이 탄생한 것이다. 당시 유럽은 이미 전체의 과반수를 디젤 자동차가 점유했고, 우리나라도 수입 디젤 승용차 점유율이 70%를 넘기기에 이르렀다. 기존 폭스바겐뿐만 아니라 BMW나 다임러 AG 등 대부분의 유럽 완성차 업체가 디젤 자동차 중심으로 판매를 늘렸고, 국산 디젤 자동차도 점차 확대되는 양상이었다. 이런 상황에서 내연기관의 퇴출과 전기자동차의 개발을 앞당기는 결정적인 계기가 되어준 사건이 있었다. 바로 2015년 9월 독일 최대 자동차 업체인 폭스바겐이 배출가스 시험을 조작했던 디젤게이트 사건이다.

디젤게이트가 발생한 2015년, 유럽에서는 아직까지 자동차 배기가스 배출기준으로 유로5가 적용되고 있었을 때였다. 그런데 미국 캘리포니아주는 세계에서 가장 까다롭다고 하는 유로6를 이미 적용하고 있었다. 유로6는 이전 기준인 유로5보다 질소산화물 기준이 5배 이상으로 강화된 것으로 이러한 까다로운 환경 기준을 만족시킬 수 있는 자동차 회사는 폭스바겐이 유일해 보였다. 그러나 폭스바겐조차도 세계에서 가장 까다로운 유로6는 넘지 못할 산이었고, 결국 폭스바겐은 넘지 말아야 할 선을 넘고 말았다.

디젤게이트는 폭스바겐 배기가스 조작Volkswagen Emissions Violations을 말하며, 2015년 9월 폭스바겐의 디젤 배기가스 조작을 둘러싼 일련의 스캔들을 의미한다. 이 사건을 통해 폭스바겐의 디젤 엔진에서 배기가스가 기준치의 40배나 발생한다는 사실이 밝혀졌다. 시험 환경에서만 배기가스 기준에 충족하도록 엔진 제어 장치를 고의적으로 조작한 것이다. 배기가스 조작은 폭스바겐 디젤 자동차의 미국 진출이 목적이었다. 유로6를 적용하고 있는 미국의 환경 기준 통과를 위해서는 질소산화물 저감 장치를 조작하지 않을 수 없었다.

이 사건으로 결국 폭스바겐은 전 세계 1,100만 대의 폭스바겐과 아우디 일부 차종을 리콜하게 되었고 엄청난 보상을 해야만 했다. 친환경, 고연비의 경제성을 모토로 유럽의 70%를 점유한 디젤 자동차의 약진에도 강력한 제동이 걸렸다.

디젤 자동차는 디젤게이트 이후 유럽의 친환경 자동차라는 지위를 완전하게 상실했다. 이것은 자동차 산업이 내연기관에서 전기 동력으로 전환되는 결정적 계기가 되었다. 당장 국내에서도 친환경차 범주에 클린 디젤차를 제외하고 노후화된 디젤차의 대도시 진입을 규제하는 LEZLow Emission Zone 제도가 시행되었다. 디젤게이트의 당사자인 폭스바겐도 디젤 엔진의 한계를 선언하고 본격적으로 전기자동차 등 친환경차 개발과 보급에 전념하기로 선언했다. 이러한 흐름은 전 세계적으로 나타나면서 전기자동차 개발이 대세로 자리잡게 되었다.

• 파리기후협약에 따른 주요 국가들의 온실가스 감축 계획

| 국가 | 감축 목표(%) | 목표 연도 | 기준 연도 | 목표 유형 |
|---|---|---|---|---|
| 대한민국 | 37 | 2030 | - | *BAU |
| 미국 | 26~28 | 2030 | 2005 | *절대량 |
| 중국 | 60~65 | 2030 | 2005 | *집약도 |
| EU | 40 | 2030 | 1990 | 절대량 |
| 러시아 | 25~30 | 2030 | 1990 | 절대량 |
| 일본 | 26 | 2030 | 2013 | 절대량 |
| 인도 | 33~35 | 2030 | 2005 | 집약도 |
| 캐나다 | 30 | 2030 | 2005 | 절대량 |
| 호주 | 26~28 | 2030 | 2005 | 절대량 |
| 멕시코 | 25, 40 | 2030 | - | BAU |
| 스위스 | 50 | 2030 | 1990 | 절대량 |

- **BAU**: 목표 연도의 배출 전망치(Business As Usual, 온실가스 감축 조치를 취하지 않았을 경우의 배출량 추정치)에 대비하여 목표 설정
- **절대량**: 기준 연도 배출량에 대비하여 목표 설정
- **집약도**: 국내총생산(GDP: Gross Domestic Product) 1단위 온실가스 배출량을 기준으로 목표 설정

안으로는 디젤게이트가, 밖으로는 파리기후협약이 내연기관 자동차의 퇴출에 계기가 되었다. 2015년 12월 12일, 제21차 당사국 총회에서 파리 기후협약이 채택되었다. 이 협약은 전보다 높은 수위의 온실가스 저감 목표를 설정하고 있다. 2021년부터 세계 각국은 5년 단위의 결과 보고 및 이행 여부를 점검받아야 한다. EU는 이보다 더 급진적인 목표를 설정하여 2020년까지 1km 주행당 95g의 이산화탄소 배출을 목표로 하고 있으며, 2025년에는 70g 수준으로 강화할 예정이다. 현재 휘발유 차량의 이상화탄소 배출량이 약 140g, 디젤 차량이 110g이므로 사실상 전기자동차만이 가능한 대안이다.

에너지 생산 단계부터 차량 운행 단계까지 에너지 형태별 이산화탄소 배출량의 총합을 보면 가장 많은 이산화탄소를 배출하는 차량은 가솔린을 연료로 쓰는 내연기관 자동차로 146g-$CO_2$/km의 이산화탄소를 배출한다. 다음으로 석탄으로 생산한 전기를 사용하는 전기자동차가 140g-$CO_2$/km, 디젤을 연료로 쓰는 내연기관 자동차가 128g-$CO_2$/km, 석유가솔린/디젤를 에너지원으로 하는 전기자동차가 110g-$CO_2$/km로 가솔린의 뒤를 잇는다.

결국 석유 에너지 비중이 높은 현 에너지 수급 현황을 고려할 때 전기자동차는 다른 어떤 타입의 내연기관 자동차보다 더 친환경적인 교통수단이 될 수 있다. 더욱이 차량 운행 단계에서 이산화탄소를 배출하지 않는 전기자동차는 그 동력을 이산화탄소 배출량이 56g-$CO_2$/㎞인 LNG나 7g-$CO_2$/㎞인 원자력, 1g-$CO_2$/㎞에 불과한 신재생에너지로 바꿀 경우에는 진정한 의미의 친환경 자동차가 될 수 있을 것이다.

• 자동차 동력원과 에너지 형태별 $CO_2$ 배출량(2019년 기준)

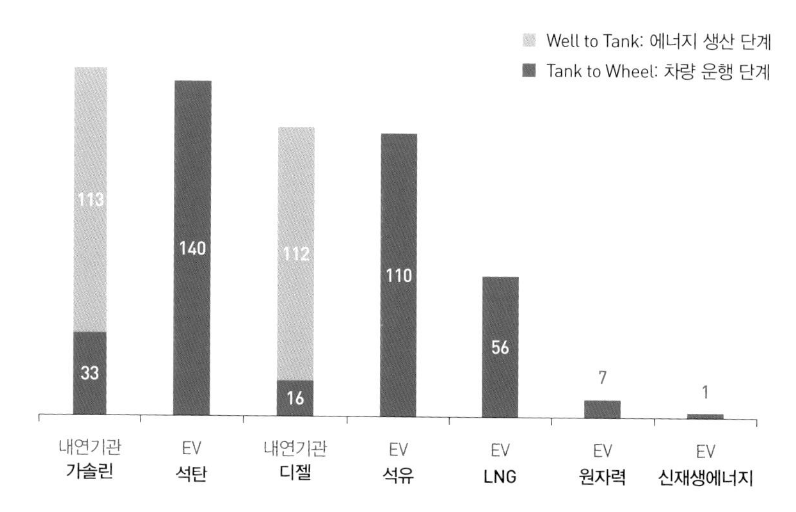

## 03 전기자동차 선발주자 테슬라

테슬라는 전기자동차의 흐름을 이끌고 있는 세계적인 전기자동차 제조업체이다. 뿐만 아니라 토요타, GM, 포드, 폭스바겐 등 세계 최고의 자동차 제조업체를 뛰어넘는 시가총액을 자랑한다.

2003년 창립한 테슬라는 창업 16년 만인 2019년 10월 GM을 넘어 시가총액으로 미국 1위를 하더니, 2020년 6월에는 2,000억 달러를 달성하면서 절대강자 토요타를 뛰어넘는 세계 1위의 자동차 완성업체가 되었다. 2020년 9월 기준 전년도 매출액이 257억 달러에 불과한 테슬라는 폭스바겐 2,613억 달러, 토요타 2,546억 달러, GM 1,158억 달러에 크게 못 미침에도 불구하고 전기자동차 기술력과 시장에 대한 기대감으로 기업 가치 측면에서 최고의 자리에 오른 것이다. 이로써 테슬라는 애플, 마이크로소프트, 아마존, 구글, 페이스북, 버크셔 해서웨이에 이어 미국 7대 기업의 자리에 올랐다.

• 테슬라의 시가총액과 세계 주요국 완성차 업체의 시가총액(2020년 기준)

| 시가총액 | | 기업 |
|---|---|---|
| 테슬라 | 3,077억 달러 | 테슬라 |
| 일본 7개 기업 | 2,877억 달러 | 토요타, 혼다, 닛산, 미쓰비시, 마쓰다, 스바루, 스즈키 |
| 독일 3개 기업 | 1,887억 달러 | 폭스바겐, 다임러 AG, BMW |
| 미국·프랑스·이탈리아 7개 기업 | 1,559억 달러 | GM, 포드, 피아트·크라이슬러, 페라리, 푸조, 르노, 니콜라 |
| 중국 8개 기업 | 1,331억 달러 | 비야디, 상해, 지리, 니오, 디이, 창안, 둥펑, 북경 |
| 인도 3개 기업 | 445억 달러 | 마루티, 마힌드라, 타타 |
| 현대·기아 | 349억 달러 | 현대·기아 |

테슬라의 시가총액은 실로 대단한 것이다. 2020년 7월 테슬라의 시가총액은 3,077억 달러였는데, 이는 세계 최대의 자동차 산업국인 일본 7개 완성차 업체를 모두 합친 것 이상이며, 독일의 3사, 미국, 프랑스, 이탈리아 7개 기업, 중국 8개 기업 등 주요 국가들의 완성차 업체 모두를 합친 것보다도 높은 금액이다.

전기자동차 개발 경쟁은 테슬라에 의해 시작되었다. 테슬라가 2008년 전기자동차 로드스터를 출시하면서 다른 자동차 제조업체들도 여기에 가세하였다. 닛산의 리프, 포드의 포커스일렉트릭, 혼다의 핏 EV, 토요타의 라브4 EV, 쉐보레의 스파크 EV, 피아트의 500e, BMW의 i3, 기아의 쏘울 EV, 폭스바겐의 이골프가 비슷한 시기에 출시되었다.

테슬라는 2012년 6월 대형 프리미엄 세단인 모델S, 2015년 9월에는 모델X를 연이어 출시하였다. 그리고 2016년 4월에는 보급형 전기자동차인 모델3를 공개하면서 선주문을 받았는데, 첫 주에만 32만 5,000대를 판매했으며 예약금만 무려 140억 달러16조 4,000억 원에 이르렀다. 모델3는 1년 후인 2017년 7월 판매하기 시작했으며, 현재 전 세계 전기자동차 중 가장 많이 판매되고 있는 차종이다. 2020년 3월에는 테슬라 모델Y를 출시하였고, 이외에도 2세대 신형 테슬라 로드스터, 테슬라 세미, 테슬라 사이버트럭 등을 2021년에서 2022년 사이에 출시할 예정이다.

테슬라 전기자동차의 가장 놀라운 점은 소프트웨어의 업그레이드로 기존 모델과 전혀 다른 별개의 자동차가 될 수 있음을 보여준 것이다. 마치 스마트폰의 새로운 기능이 네트워크를 타고 자동으로 업데이트되면서 새로운 폰으로 확장되는 것과 같다.

테슬라는 2014년에는 딥러닝 기반의 자율주행 소프트웨어인 오토파일럿을 발표했다. 현재 상용차 중에서는 가장 우수한 자율주행 소프트웨어로 스마트폰처럼 원격에서 소프트웨어 업데이트를 통해 기능을 추가할 수 있다. 게다가 테슬라 소프트웨어 버전 7.0부터는 수십만 대의 테슬라 자동차로부터 운전 데이터를 수집하여 딥러닝에 활용함으로써 오토파일럿을 계속해서 발전시키고 있다. 테슬라는 2020년 초에 이미 35억 km의 오토파일럿 주행거리 데이터를 확보했다. 오토파일럿을 작동시키는 기술은 테슬라의 통합 ECUElectronic Control Unit, 전자제어장치에도 숨어 있다. 테슬라의 ECU 기술은 경쟁사를 압도한다. 이 분야에서 가장 기술력이 앞섰다고 여겨지던 토요타나 폭스바겐도 2025년이 되어야 자동차에 통합 ECU 적용이 가능할 것으로 전망한다.

• 테슬라 슈퍼차저

테슬라의 CEO 머스크Elon Reeve Musk의 목표는 전기자동차의 동력원을 친환경 에너지를 통해 해결하는 것이다. 테슬라는 세계 최대의 태양광 발전업체인 솔라시티Solar City를 인수했고, 미국 네바다주 르노에 위치한 기가 네바다Giga Nevada에서는 테슬라 배터리 셀을 생산하며, 뉴욕주 버팔로에 위치한 기가 뉴욕Giga New York에서는 태양전지를 생산하고 있다. 또한 중국 상하이에 위치한 기가 상하이Giga Shanghi에서도 배터리 셀을 생산하고 있다. 이외에도 캘리포니아 북쪽 몬트레이 베이 지역의 모스랜딩에 최대 1.2GWh급 테슬라 메가팩Tesla Megapack을 짓고 있다. 이곳은 태양열과 풍력에너지를 에너지원으로 하며, 몬트레이와 실리콘밸리 일부 지역의 전력을 공급할 세계 최대의 에너지 저장소가 될 것이다. 이렇듯 테슬라는 전기자동차의 고속 충전 스테이션인 테슬라 슈퍼차저Tesla Supercharger에 공급되는 전력을 친환경 에너지원으로 하는 생태계를 구축하고 있다.

배터리가 방전되어서 차가 멈추지 않을까 하는 피로 및 불안감을 '주행거리 불안'이라고 한다. 이 불안을 해소하려면 한 번 충전으로 얼마만큼 주행할 수 있는가가 중요하다.

2019년 테슬라의 3세대 슈퍼차저는 한 대당 최대 250kW를 충전할 수 있다. 쉽게 말하면, 모델3 기준으로 5분 충전에 120km, 한 시간 충전에 무려 1,600km를 달릴 수 있는 충전 속도다. 이를 통해 2020년 2월에는 한 번 충전으로 항속거리 627km를 확보하는 테슬라 모델S 롱레인지 플러스를 출시하였다. 참고로 테슬라는 2014년에 슈퍼차저 의 충전 속도를 75kW에서 135kW로 업그레이드한 적이 있었는데, 당시 75kW만으로도 이미 전기자동차 업계에서는 가장 빠른 충전 속도였다.

• 테슬라가 공개한 기가팩토리 베를린(Gigafactory Berlin) 렌더링 이미지

테슬라가 전기자동차 배터리 가격을 낮출 수 있었던 이유는 대량생산 체계에 있다. 원통형 리튬이온배터리 생산기지 기가팩토리Gigafactory에서 대량생산된 배터리 셀은 타사의 배터리 가격보다 30% 이상 낮다. 전기자동차는 배터리 가격이 자동차의 절반 이상을 차지하고 있어 배터리 자체의 사용 기간도 중요하다. 테슬라의 배터리 관리 시스템BMS: Battery Management System 기술은 경쟁 회사에 비해 10~20% 이상 우수하다. 실제로 닛산 리프 등 다른 회사 배터리의 경우 10만 km 운행 시 배터리 손실을 보이지만, 테슬라 자동차는 16만 km 주행 후에도 97% 가량을 유지하는 모습을 보인다. 모델3의 경우 배터리 수명을 약 48만~80만 km로 소개하고 있는데, 2019년에는 160만 km까지 사용 가능한 배터리 기술 개발을 목표로 하고 있다.

## 04 전기자동차 산업 전망

EU는 2021년까지 이산화탄소 배출량 규제 기준을 1km당 130g에서 95g으로 강화하고 있다. 2020년부터 신차의 95%는 이 기준에 맞추어야 하고, 2021년부터는 모든 자동차에 적용된다. 만약 배출량이 기준을 초과할 경우 1g당 95유로약 12만 3,000원의 벌금을 내야 한다. 물론 자동차 한 대 기준이다.

프랑스는 연비가 좋은 차량에 최대 7,000유로의 보조금을 지급하고 연비가 나쁜 자동차는 최대 7,200유로의 부담금을 부여하고 있다. 그러나 전기자동차는 자동차세를 10년간 면제해 주고 있다. 영국은 연비 기준에 미달되는 자동차에 최대 1,065파운드의 부담금을 매기고 있다. 반대로 이산화탄소 배출량이 75g/㎞ 미만인 차량에는 최대 5,000파운드 보조금을 지원한다. 전기자동차 비율이 세계에서 가장 높은 핀란드나 노르웨이는 자동차 가격의 100~150%에 달하는 취등록세를 전기자동차에 한하여 면제해 주고 있다.

• 전기차 보급현황 및 전망(2019년 2월 기준)

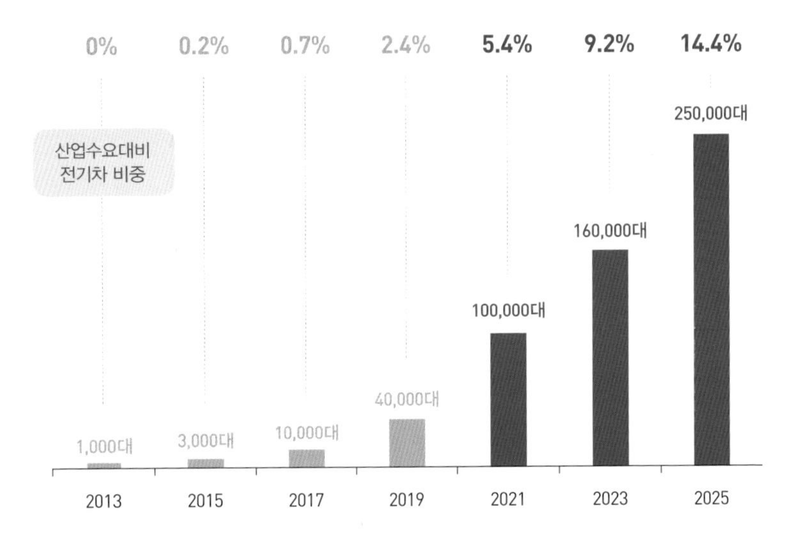


중국은 신규 자동차 증가를 억제하고자 차량 번호판의 발급을 제한하는 중이다. 다만 전기자동차는 이 번호판 발급 제한 정책 대상에서 제외된다. 또한 2019년부터는 판매하는 자동차의 10%를 전기자동차로 의무화하고 있다.

국내 전기자동차 시장은 어떨까? 정부의 친환경차 보급 로드맵에 따르면 국내 역시 전기자동차 보급이 점차 늘어날 것으로 예상된다. 2013년 산업 수요 대비 비중이 0%였던 전기자동차는 2019년 2.4%까지 비중을 늘리고, 2025년에는 약 25만 대를 보급해 산업 수요에서 차지하는 비중을 14.4%까지 끌어올린다는 목표를 갖고 있다. 우리나라 역시 빠른 속도로 전기자동차 시장이 성장하고 있는 것이다.

• 전기차 구매 시 세제 혜택(2020년 기준)

| | | 과세 부과율 | 감면한도 |
|---|---|---|---|
| 국세 | 개별소비세 | ***차량가액**의 5% | 300만 원 |
| | 교육세 | 개별소비세의 30% | 90만 원 |
| 지방세 | 취득세 | ***차량가격**의 7% | 140만 원 |

- **차량가액**: 공장도가격
- **차량가격**: 공장도가격+개별소비세+교육세
- 전기차는 차량 등록 시 납부해야 하는 각종 세금도 감면 혜택 받으며 개별소비세는 최대 300만 원, 교육세는 최대 90만 원, 취득세는 최대 140만 원까지 감면

각국의 상황에 힘입어 2020년부터 테슬라와 폭스바겐 등 전기자동차 강자들이 본격적인 양산 체제에 돌입하였다.

폭스바겐은 2023년까지 전기자동차 100만 대를 생산할 계획이고, 테슬라는 2019년 10월 가동한 중국 상하이 공장을 통해 2020년부터 연간 50만 대 규모의 전기자동차 생산을 시작했다. 현대차 그룹은 2025년까지 67만 대의 전기자동차 생산을 목표로 하고 있다. 토요타는 파나소닉Panasonic과 배터리 합작법인을 만들었고, 2030년까지 전기자동차 550만 대 생산을 목표로 하고 있다. GM은 2023년까지 전기자동차 20종을 출하할 계획이며, 독일은 2020년까지 400억 유로를 투자하여 100개 차종의 전기자동차를 생산한다고 발표했다. 프랑스와 영국은 2040년 이후 내연기관 자동차의 판매를 아예 금지한다고 발표하기도 했다.

• 전기자동차와 내연기관 자동차의 판매 예측

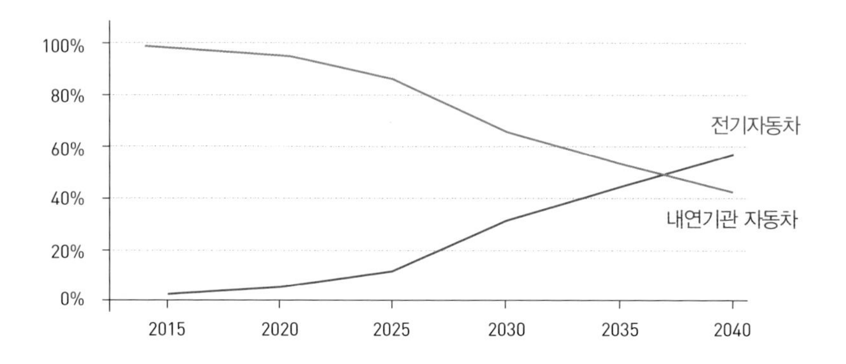


맥킨지 앤드 컴퍼니Mackinsey & Company는 배터리 가격이 킬로와트시kWh 기준 200달러 이하로 감소할 경우 경제성이 내연기관차를 능가하며, 그 시점을 2020년 전후로 예측하였다. 블룸버그 뉴에너지 파이낸스BNEF: Bloomberg New Energy Finance는 2040년 전기자동차가 신차 판매량의 50%에 이를 것으로 전망하고 있는데, 성장세가 뚜렷하여 2025년 1,000만 대, 2030년에는 2,800만 대, 2040년에는 5,600만 대에 이를 것으로 예측한다. 또한 2020년 중후반에는 거의 모든 시장에서 전기자동차가 내연기관 자동차에 비해 경제성에서 우위를 차지할 것으로 예측하고 있으며, 우버나 리프트 등 공유자동차가 전기자동차 성장에 큰 역할을 할 것이라 전망하고 있다.

특히 중국의 자동차 산업의 성장세가 가파르다. 중국은 2013년 이후 연간 7%의 성장을 보이고 있으며, 이미 판매 대수에서 일본, 미국, 독일, 프랑스, 영국 등을 압도하고 있다. 다른 자동차 산업 메이저 국가들의 성장세가 주춤한 데 비해 중국은 계속 성장을 거듭하여 2017년에는 3,000만 대 가까이 생산했다.

• 세계 주요국가의 자동차 판매 대수 단위: 만 대

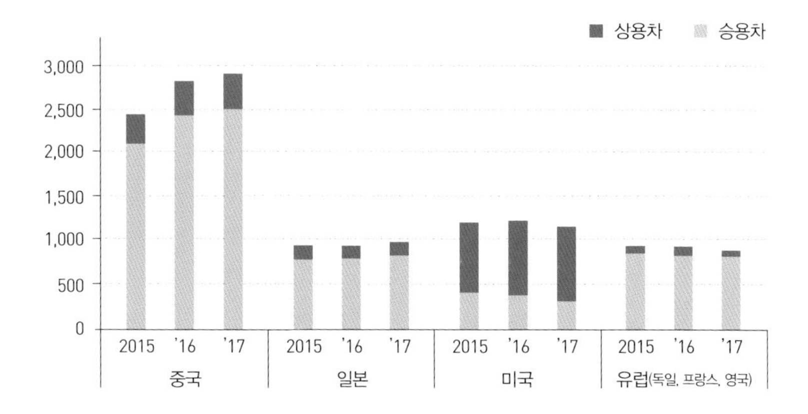


2017년 4월 중국은 자동차 산업 중장기 발전 계획을 발표하였다. 10년 내 자동차 강국을 목표로 하는 중국의 입장에서 기존 내연기관 자동차로는 불가능하니, 후발 주자로서 가능한 전기자동차로 승부하겠다는 것이 핵심이다. 이렇듯 중국 정부의 지원 덕분에 이미 60개 이상의 전기자동차 완성차 제조업체를 두고 있으며, 2016년 기준 전 세계 전기자동차 누적 판매량의 32%를 차지할 정도로 성장했다. 또한 전기자동차 내수 시장을 확대하기 위해 승용차 '기업 평균 연비·신에너지차 크레디트 동시 관리 실시법일명 NEV 법' 제정으로 2019년부터 10%의 전기자동차 판매를 의무화하고 있다. 앞으로도 전기자동차 시장은 중국이 리드할 것으로 보고 있으며, 판매 비율은 2025년 48%, 2040년 26%를 차지할 것으로 예측된다.

FMCFuture Mobility Corporation는 2016년 3월 창업한 전기자동차 완성차 제조업체로 2018년 1월 열린 '2018 CESConsumer Electronics Show'에서

전기자동차 바이톤Byton을 발표하며 크게 주목받았다. 2019년부터 양산하기 시작한 바이톤은 단기간에 놀라운 테크놀로지와 세련된 디자인을 보여주었다. 바이톤에는 음성 AI인 아마존 알렉사Amazon Alex가 탑재되어 있으며, 3단계 자율주행기능까지 탑재되어 있다. 바이톤의 사례는 전기자동차의 기술 장벽이 높지 않음을 보여준 것이었으며, 동시에 기존 자동차 업계의 위기를 증명한 것이기도 했다. 나아가 FMC는 2018년 열린 베이징 국제 오토쇼에서 2020년까지 100만 대, 2028년에는 1,000만 대의 전기자동차를 출시하겠다고 선언했다. 이를 위해 31개 전기자동차 완성차 업체와 디디오토 얼라이언스DiDi Auto Alliance를 공동 출범시키고 전기자동차 개발에 박차를 가하고 있다.

• 2018 CES, 중국 FMC의 바이톤(Byton) 콘셉트 공개

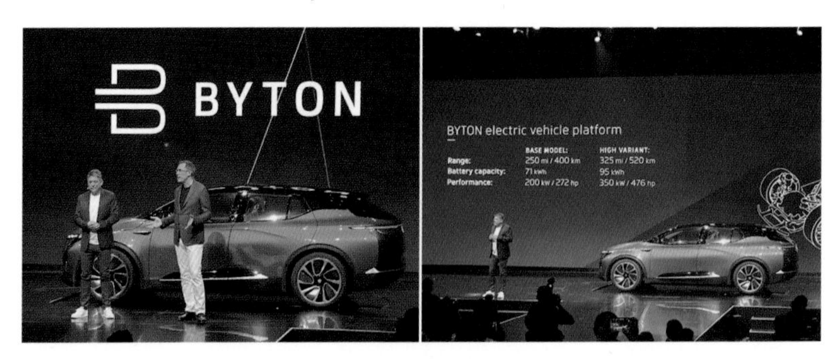

chapter. 03

# 소유에서 공유의 가치로 전환하는 공유자동차

## 01 공유경제의 기원과 공유자동차

2008년, 전 세계적으로 불어 닥친 금융위기는 세계 경제의 장기 불황을 초래했다. 실업자의 증가, 가처분 소득의 감소 등 경제 불황이 지속되면서 공유경제는 경제 시스템의 한 축으로 부상했다. 소비자들은 협력적 소비를 통해 합리적이고 실용적인 경제 활동에 관심을 가졌고, 공유경제 시장은 빠르게 서비스 산업으로 편입되었다. 전통적인 경제 패러다임에서 소비자는 보유하고 있는 자원을 소비하고 재화를 소유함으로써 경제활동을 했으며, 기업은 신규 고객을 확보하고 더 많은 재화를 생산하는 것이 당연했다. 반면 공유경제는 재화나 서비스의 공유를 통해 수익을 창출할 뿐만 아니라, 지구의 자원을 절약하여 환경을 지키고자 하는 패러다임의 대전환이다.

최근 전 세계적으로 확산되고 있는 차량 공유 서비스는 공유경제의 산업적 파급력을 유감없이 보여주고 있다. 우버나 리프트 등 공유시장에 편승한 기업의 가치는 전통적인 기업들을 훌쩍 뛰어 넘었다. 2020년 9월 기준 우버의 시가총액은 623억 달러였다. 폭스바겐 그룹의 863억 달러에는 못 미치지만 BMW의 464억 달러, GM의 426억 달러를 훌쩍 넘어섰다. 웬만한 거대 자동차 업체를 뛰어넘는 가치가 있다고 시장은 내다보고 있는 것이다.

공유경제는 리프킨Jeremy Rifkin과 레식Lawrence Lessig에 의해 제안된 경제 개념이다. 2000년 리프킨은 저서 『The Ages of Access』에서 인터넷 사용이 확대되고 실시간 정보 공유와 연결이 가능한 가상공간을 통해 공간의 물리적 한계를 넘어서면서 시장은 네트워크에 자리를 내주고 소유에서 접속으로 바뀌며 교환가치는 공유가치로 변화하는 새로운 시대에 접어들 것이라고 주장하였다. 하버드대학 로스쿨 교수인 레식은 2008년 발간한 『Remix: Making art and commerce thrive in the hybrid economy』에서 한 번 생산된 제품을 여럿이 공유하는 협업 소비를 기본으로 한 경제 방식을 공유경제로 정의하기도 했다.

보츠만Rachel Botsman과 로저스Roo Rogers도 2010년 발간한 『What's Mine Is Yours: The Rise of Collaborative Consumption』에서 공유경제를 정의했다. 그들은 공유경제를 특정 자원을 가진 사람들과 해당 자원이 필요한 사람들을 연결하는 협력적 소비로 정의하고, 자신이 소유한 재하에 대한 접근권 혹은 사용권을 타인과 공유·교환·대여함으로써 새로운 가치를 창출해내는 경제 시스템이라고 하였다.

결국, 공유경제의 주요 키워드는 '잉여 자원'과 '연결'이라고 할 수 있다. 현재의 경제 시스템은 재화의 끊임없는 생산을 통해 유지되었고, 그에 따라 과다한 잉여 자원을 증가시켜 왔다. 하루 종일 주차장에 세워진 채 아무런 생산 활동도 하지 않는 자동차야말로 대표적인 잉여 자원이다. 재화를 소유하는 개념의 기존 세계에서 자동차 가동률은 5%에 불과하다.

과거에는 이들 잉여 자원을 소비자와 연결시킬 수 있는 방법이 존재하지 않았다. 그러나 인터넷과 스마트폰의 등장으로 잉여 자원과 소비자의 연결이 가능해졌다.

공유자동차는 크게 카셰어링Car Sharing과 라이드셰어링Ride Sharing으로 나눌 수 있다. 카셰어링은 말 그대로 여러 사람이 한 대의 자동차를 공유하는 것이며, 라이드셰어링은 자동차 동승, 다시 말해 승차 공유를 말한다. 카셰어링은 자동차 렌트와 유사하지만, 회원제로 운영되며 시간 단위 대여를 한다. 자동차와 회원을 손쉽게 연결하는 플랫폼을 통해서 필요할 때 싸고 편리하게 이용할 수 있다는 점에서 렌터카와는 차이가 있다. 라이드셰어링은 다른 사람이 운전하는 차에 함께 타 목적지까지 이동하는 것을 말한다. 출퇴근길에 함께 타는 카풀도 일종의 라이드셰어링이라 할 수 있다. 카셰어링은 운전을 할 수 있는 사람만이 이용 가능하지만, 라이드셰어링은 운전을 못하는 사람들도 이용이 가능하다는 점에서 확장성이 높은 서비스이다. 라이드셰어링의 대표 기업인 우버나 리프트, 디디추싱에 비해 카셰어링의 대표 기업인 집카ZipCar의 기업 규모가 훨씬 낮은 것도 이런 이유 때문이다. 카풀을 제외한 라이드셰어링을 라이드헤일링Ride Hailing 혹은 카헤일링Car Hailing이라고도 하는데, 우리말로는 '호출형 승차 공유서비스'라 부른다.

• 대표적인 라이드셰어링 업체 리프트(Lyft)

• 국내 대표적인 카셰어링 업체 행복카(Happycar)

## 02 자동차를 공유하는 카셰어링

카셰어링은 1948년 스위스 취리히의 자가운전자조합Sefage·Selbstfahrergemeinschaft에서 자동차를 공동 구매하면서 시작되었다. 개인 소유의 많은 자동차가 하루 중 극히 일부 시간에만 이용되고 있고, 소유 자체가 불필요한 통행을 유발한다는 점에 착안하여 도입한 것이다. 그러나 이용 시간이 겹치고, 자동차 청결 문제 등 이용 불편과 불만이 커지면서 이 도전은 실패로 끝나고 말았다. 이후 1987년 스위스의 ATGAuto Teilet Genossenschaft, 1987년 독일의 스탯오토가 사업으로 시작하였지만 역시 활성화에는 성공하지 못했다.

하지만 2000년대 들어 인터넷, 무선통신 기술의 발전으로 카셰어링은 새로운 국면을 맞이하게 되었다. 특히 2000년에 설립된 미국의 집카가 첨단 정보통신 기술을 이용해 미국과 영국, 캐나다 등에서 크게 성공하면서 전 세계적인 유행을 선도하게 되었다. 또한 2008년 고유가로 인한 경제 위기는 북미와 서유럽을 중심으로 카셰어링 회원 수를 크게 늘리는 계기가 되었다.

카셰어링은 공유 방식에 따라 크게 기업형 카셰어링B2C방식: Business to Consumer, 개인 자동차 공유 카셰어링P2P방식: Peer to peer으로 나눌 수 있다. 기업형 카셰어링은 오늘날 가장 보편적인 방식으로 특정 목적을 위해 특정 기업 혹은 기관이 자동차를 대량 보유하여 서비스하는 방식이다. 민간 기업에서 영리를 목적으로 하는 경우와 국가 또는 지방 정부에서 교통혼잡 완화나 대기오염 감소 등 수익 외 목적을 갖고 비영리로 운영하는 경우가 있다. 개인 자동차 카셰어링은 개인 소유 차량을 타인에게 공유하는 것으로, 이때 기업이 자사의 플랫폼을 통해 차량 소유주와 이용자를 연결해 준다.

• 국내외 카셰어링 업체 현황

| 국가 | 서비스 | 출시 연도 | 운행 지역 | 회원 수 | 차량 수 |
|---|---|---|---|---|---|
| 국내 | 쏘카 | 2012 | 전국 | 447만 명 | 11,000대 |
| | 그린카 | 2011 | 전국 | 300만 명 | 6,500대 |
| | 행복카 | 2013 | 수도권 | 4만 명 | 500대 |
| 국외 | Car2go | 2008 | 유럽, 미국, 중국 | 250만 명 | 14,000대 |
| | ZipCar | 2000 | 미국 | 10만 명 | 12,000대 |
| | Flinkster | 2011 | 독일 | 21만 명 | 4,000대 |
| | GoGet | 2003 | 호주 | 10만 명 | 1,300대 |
| | Drive now | 2015 | 유럽 | 58만 명 | 7,000대 |
| | Delimobil | 2015 | 러시아 | 100만 명 | 4,000대 |

• 세계 최대의 카셰어링 업체 미국의 집카(Zipcar)

세계 최대의 카셰어링 업체는 집카이다. 2000년 1월 두 대의 자동차로 시작한 집카는 설립 후 4년이 채 안 돼 100만 명의 회원과 1만 대의 자동차를 보유할 정도로 성장했다. 특히 북미에서 250개가 넘는 대학 캠퍼스와 보스턴, 뉴욕, 워싱턴, 샌프란시스코, 런던, 토론토 등 전 세계 대도시에서 전체 회원의 60%를 보유하는 큰 기업으로 성장하였다. 게다가 영국의 스트릿카, 스페인의 아방카, 오스트리아의 카셰어링닷엣Carsharing.at 등 유럽의 선두 기업들을 인수하면서 글로벌 기업으로 성장하였다. 이후 기업 가치가 높아진 집카는 2013년 세계 2위의 렌탈 기업인 에이비스AVIS에 5억 달러에 인수되었다.

씨티카셰어는 미국 샌프란시스코 시 당국에서 운영하는 비영리 기업형 카셰어링 업체이다. 유럽에서는 프랑스 파리의 전기차 대여 서비스업체인 오토리브가 2011년 10월 전기자동차 66대로 카셰어링 시범 운영을 시작했으며, 2016년 현재 약 4,000대의 차량과 1,000여 개의 거점을 확보하고 있다. 이외에도 영국의 시티카클럽, 스위스의 모빌리티 카셰어링, 독일의 드라이브나우, 카투고 등이 있으며, 스탯오토는 철도 연계형 카셰어링 서비스를 하고 있다.

미국과 유럽에는 개인자동차 공유 사업으로 릴레이라이즈, 버즈카, 드라이비, 타마이카, 크루브, 카유니티, 샤루, 투로, 겟어라운드 등이 있다. 캐나다의 모도는 지역 협동조합 형태이며, 호주에서는 고겟, 러시아에서는 델리모바일이 100만 명의 회원과 4,000대의 자동차를 운영하고 있다. 일본은 오릭스와 파크24가 대표적이며, 중국에는 T3, 이브이카드가 있다.

우리나라에는 그린카와 쏘카가 있다. 그린카는 2011년에 설립되어 300만 명 회원에 6,500대의 차량을 운영하고 있고, 국내 최대 규모의 카셰어링 업체인 쏘카는 2012년 설립되어 447만 명 회원에 1만 1,000대의 차량을 운영하고 있다. 이외에 비영리 카셰어링 서비스인 행복카는 2013년에 시작되어 2020년 현재 500대 공유 차량을 LH 임대아파트 입주민들에게 제공 중이다.

• 프랑스의 개인자동차 공유 사업 겟어라운드(Getaround)

## 03 운전 서비스를 제공하는 라이드셰어링

라이드셰어링은 운전자가 자신의 잉여 시간과 자동차라는 자원을 이용해 택시와 유사한 서비스를 제공하는 것을 말한다. 카셰어링과 같이 여러 유형이 존재하지 않고 단순한 비즈니스 모델을 갖고 있다. 그러나 서비스 형태가 택시와 유사하고, 운전자의 대부분이 사실상 생계를 위해 참여하고 있기 때문에 택시 업계와의 갈등이 심각한 상황이다. 우리나라의 경우 우버 서비스가 불법으로 규정되면서 퇴출당하기도 했고, 카카오 모빌리티나 타다가 택시 업계의 반발로 무산되기도 하였다.

우버는 택시의 문제점을 해결하고자 시작되었다. 필요할 때 빈 택시를 찾기 어렵고, 심야에 혼자 택시를 이용할 때의 불안감, 낯선 지역에서 요금 바가지를 쓰지 않을까 하는 걱정 등을 해소하고자 출발한 것이다. 그래서 택시가 적게 다니는 시간과 장소에서도 이용 가능하고, 운전자의 신원, 예상 운행 경로, 요금 등을 미리 확인할 수 있도록 하고 있다. 이른바 정보의 비대칭 문제를 해결하는 과정에서 탄생한 서비스인 것이다.

라이드셰어링은 세계적인 경제 불황과 기존 경제체제의 과대한 잉여로 인해 나타난 필연적인 서비스 산업이다. 우리는 비싼 돈을 주고 구입한 차를 대부분의 시간 동안 주차장에 방치하고 있으면서, 다시 많은 돈을 자동차를 유지하는 데 지불하고 있다. 미국에서는 차량 보유 비용으로 일 년에 1만 달러가 드는데, 이는 1인당 GDP의 16%에 해당한다. 라이드셰어링은 잉여 교통 자원을 슬기롭게 이용하고자 하는 아이디어이며, 택시나 대중교통으로는 어려운 특정 시간과 장소를 값싸게 연결하여 수요·공급의 불균형을 해결해주는 합리적인 공유 서비스라 할 수 있다.

공유자동차 시장의 강자들은 대부분 라이드셰어링을 주력 서비스로 하고 있다. 우버, 리프트, 디디추싱, 그랩, 올라는 기업 가치가 세계적인 자동차 완성업체를 넘어서면서 초일류 기업의 반열에 올랐다. 매킨지에 따르면 2018년에만 해도 글로벌 공유자동차 시장 규모는 962억 달러였으나, 해마다 28% 성장하면서 2030년에는 2.1조 달러까지 성장할 것이라고 한다. 여기에 본격적인 자율주행자동차 시대가 도래하면 총 거래액의 50~75%를 차지하는 운전자 비용이 사라져 기업 가치는 더욱 상승할 것으로 예측하고 있다.

서비스를 제공하려면 자동차를 확보해야 하는 카셰어링과 달리 라이드셰어링은 운전자와 이용자를 연결하는 플랫폼만으로 사업이 가능하므로 카셰어링에 비해 낮은 비용 구조를 갖는다. 게다가 라이드셰어링은 이용자가 원하는 시간, 장소에서 모빌리티 서비스를 받을 수 있으며, 자동차를 구매하거나, 운전자를 고용하지 않아도 된다. 전 세계에 많은 공유자동차 기업들이 있지만 기업 가치와 규모 면에서 최고 기업들이 모두 라이드셰어링 기업인 이유다.

미래에 자율주행자동차가 일반화된 시점에서는 라이드셰어링 요금의 대부분을 차지하는 운전자 비용이 사라지므로 더 높은 경쟁력을 확보할 것이다. 카셰어링도 마찬가지다. 차량 호출 서비스가 가능해지므로 지금보다 경쟁력이 생길 것이다. 그러나 이미 라이드셰어링의 강자인 우버와 리프트, 디디추싱 등은 막강한 자본을 구축하여 자율주행자동차 개발 경쟁에 뛰어들었고, 상대적으로 자본이 부족한 카셰어링 기업들이 독자적으로 자율주행자동차 개발에 뛰어들기는 어려울 것으로 보인다.

• 주요 라이드셰어링 서비스 제공업체(2018년 기준)

| 기업 | 설립 국가 | 서비스 지역 | 운전자 수 |
|---|---|---|---|
| 우버 | 미국 | 83개국 674개 도시 | 3백 만 |
| 리프트 | 미국 | 미국 300개 도시 | 1.9백 만 |
| 디디추싱 | 중국 | 중국 400개 도시 | 21백 만 |
| 그랩 | 싱가폴 | 동남아 8개국, 168개 도시 | 7.1백 만 |
| 올라 | 인도 | 인도, 호주 106개 도시 | 1백 만 |

## 04 공유자동차 서비스의 대표 기업 – 우버(Uber)

우버가 전 세계 수많은 도시에서 사람들의 이동 방식을 변화시켰다는 사실에는 의심의 여지가 없다. 우버는 자동차 한 대 없이 모빌리티 산업을 이끌면서 새로운 경제의 상징이자, 어떤 면에서는 미래 노동의 상징이 되었다.

우버는 2007~2009년 미국에서 일어난 서브프라임 모기지사태와 그로 인한 세계 경제 불황에 뿌리를 두고 있다. 당시 금융 시장의 붕괴와 주택 소유주의 파산으로 디트로이트와 클리블랜드 등의 도시가 황폐화되었고, 실직자의 수도 증가하여 국가 실업률이 2009년 10월에 10%까지 증가했다. 이러한 시기에 '플랫폼 서비스를 통해 수백만 명의 사람들이 자원을 효율적으로 공유할 수 있게 될 것'이라고 공언한 우버는 경제 기반이 무너진 중산층의 마음을 움직였다.

우버는 2009년 우버캡UberCab이란 이름으로 칼라닉Travis Kalanick과 캠프Garrett Camp가 창립했다. 독일어 '우버über'는 최고 혹은 그 이상이라는 의미를 갖고 있으며, 우버라는 이름으로 공식 출범한 것은 2010년 6월 샌프란시스코에서였다. 이후 우버는 2012년 우버X와 프리미엄 서비스인 우버 블랙Uber Black을 출시하였으며, 2013년에는 헬리콥터 운송서비스 우버 쵸퍼Uber Chopper, 2014년에는 소포 배달 서비스인 우버 러시Uber RUSH, 2015년에는 도시락 배달 서비스인 우버 프레시Uber FRESH를 출시하였다. 2017년에는 운송 트럭 배차 서비스 우버 프레이트Uber Freight가 시작되었고, 같은 해 우버 잇츠Uber Eats로 일본 1,000여 개 레스토랑에 요리 배달 서비스를 시작했다. 2017년 1월에는 우버 서비스를 통해 구축한 교통 빅데이터를 도시에 제공하는 우버 무브먼트Uber Movement도 개시하였다. 우버는 2017년 기준으로 전 세계 83여개 국가, 674여개 도시에서 50억 회의 승차 서비스를 제공했고, 2018년 3월 기준으로 전 세계 300만 명의 운전자와 7,500만 명의 회원을 보유하고 있다.

투자에서도 우버는 2009년 창립 당시 20만 달러, 2010년 130만 달러, 2011년 4,800만 달러, 2013년 2억 5,800만 달러, 2014년 12억 달러를 유치하였고, 창업 6년 만에 기업 가치 70조 원을 기록하며 단숨에 유니콘 기업이 되었다. 11년이 지난 2020년 9월 기준 우버의 기업 가치는 623억 달러였는데, 같은 시기에 GM 426억 달러, 포드 234억 달러, BMW의 464억 달러로 웬만한 글로벌 완성차 업체들보다 높았다. 우버의 순 매출액은 114억 달러에 이르며, 전 세계 자동차 공유 시장에서 우버가 차지하는 점유율은 52%로서, 경쟁사인 리프트의 8%, 중국 디디추싱의 38%를 훌쩍 넘는 세계 최대 공유자동차 기업이다.

• 우버 서비스인 우버X와 우버 잇츠

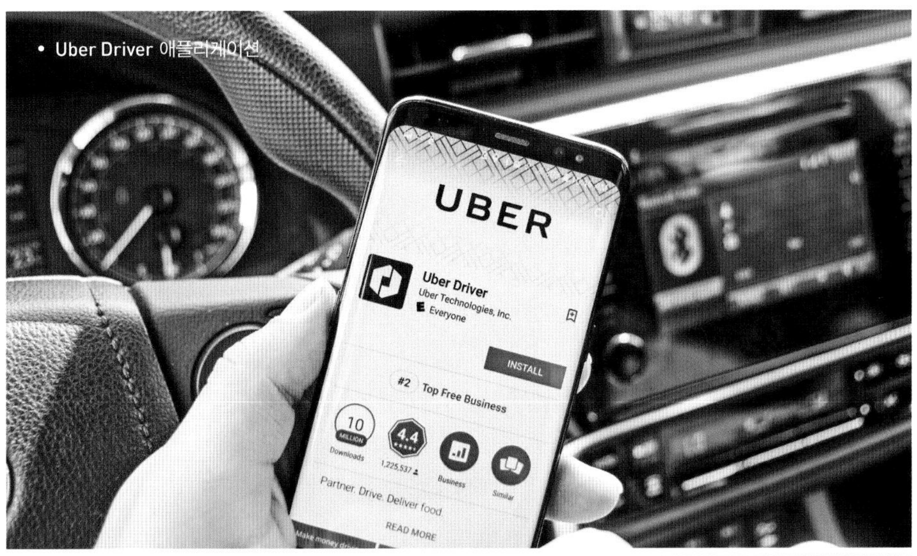


• Uber Driver 애플리케이션

• Uber Eats를 이용한 요리 배달 서비스

우버가 존재하는 세계 어느 도시에서도 여행자는 이동 방법을 고민할 필요가 없다. 여행자들은 비행기에서 내려 스마트폰을 꺼내 버튼을 터치하기만 하면 우버 차량을 호출할 수 있다. 우버의 투자자이자 벤처 투자가인 사카Chris Sacca는 "뉴욕의 택시를 시민들이 타긴 하지만 뉴욕의 택시 시스템을 마음에 들어 하는 사람은 단 한 사람도 없다"고 말했다. 반면 우버는 택시보다 저렴하면서 이용은 더욱 편리해 많은 사람들의 마음을 사로잡았다. 우버 차량이 도착하면 알람이 울리고, 목적지만 입력하면 어디든 갈 수 있다. 운전기사와의 접촉은 필요 없고 요금 지불은 신용카드로 이루어진다. 하차 후에는 운전자에게 별점을 매겨 검증 및 안전장치를 마련해 낯선 사람들 간의 신뢰감을 만들었다.

우버는 토요타와 파트너십을 맺고 있으며, 소프트뱅크, 텐센트, 골드만삭스 등 대형 투자자들의 투자를 받고 있다. 특히 2018년 1월 소프트뱅크 그룹이 8,000억 엔을 투자하면서 우버의 최대 주주가 되었다. 우버는 세계 2위의 공유자동차 기업인 디디추싱의 최대 주주이기도 하다.

2015년 2월에는 카네기 멜론대학의 로보틱스 및 컴퓨터 과학 분야에서 활동하던 약 40명의 인재를 영입하여 자율주행기술 개발에 투자하고 있다. 2016년 일반도로에서 자율주행자동차를 테스트하여 320만 km를 시험 주행하였고, 2018년 12월 펜실베이니아 교통국으로부터 자율주행자동차 시범운행을 허가 받아 피츠버그와 피닉스에서 200여 대의 자율주행택시 서비스를 하고 있다.

## 05 우비의 강력한 경쟁상대 – 리프트(Lyft)

리프트는 우버와 동일한 서비스를 하는 공유자동차 기업으로 세계 3위, 미국 내에서는 2위이다. 우버와 달리 미국 내에서만 서비스를 하고 있으며, 300개 도시에서 이용자 3,070만 명, 운전자 190만 명, 누적 탑승 횟수 10억 회를 기록하고 있다. 리프트의 순 매출액은 연간 21억 달러이고 기업 가치는 2018년 기준 151억 달러에 이른다.

리프트는 2007년 코넬대학의 그린Logan Green과 짐머John Zimmer가 페이스북을 이용한 카풀 서비스 짐라이드Zimride로 시작하였다. 이후 2012년 승차 공유 서비스인 리프트를 미국 샌프란시스코에서 출범시켰고, 2013년 짐라이드를 엔터프라이즈 렌터카에 팔면서 사업을 리프트에만 집중하였다. 그때까지 짐라이드는 150곳이 넘는 대학 캠퍼스에 수십만 사용자를 보유하고 있었다.

리프트의 비전은 명확하다. 미래 도시에서는 자동차 소유가 사라지며, 그로 인해 오염이 줄고 주차 공간도 사라진다. 사라진 주차 공간은 녹지와 공원, 넓은 보도로 채워지면서 사람 중심의 도시가 되고, 승차 공유가 대중교통과 강하게 결합되는데, 바로 이때 리프트가 미래 도시의 중추적 역할을 하겠다는 것이다.

리프트는 승차 공유 서비스인 리프트 외에 카풀 서비스인 리프트라인Lyft Line과 셔틀 서비스인 리프트셔틀Lyft Shuttle 등으로 서비스를 확대하였다. 이 서비스는 실리콘밸리 베이 에어리어 지역 주민들의 이동 경로가 유사하다는 분석에서 시작되었다. 리프트는 2015년에 알리바바Alibaba로부터 2억 5,000만 달러를 유치하였으며, 2018년에는 구글로부터 10억 달러, 2016년에는 GM으로부터 5억 달러의 투자를 유치하면서 우버와의 경쟁 기반을 마련하였다.

리프트는 경쟁사인 중국의 디디추싱, 인도의 올라, 싱가포르의 그랩과도 제휴하고 있다. 자율주행자동차와 관련하여 구글 웨이모, GM, 재규어 랜드로버, 누토노미, 포드, 매그나 등과도 파트너십을 맺고 있다. 당초 구글 웨이모의 제휴 상대는 우버일 것으로 예측하였으나 리프트로 바뀌었다. 이는 공유자동차를 통해 도시 변혁을 꿈꾸는 리프트의 비전이 구글과 같기 때문일 것이다.

## 06 중국 공유자동차 시장의 절대강자 – 디디추싱(DiDi Chuxing)

디디추싱은 2018년 현재 기업 평가 가치만 560억 달러에 이르는 세계 2위 차량 공유 업체이다. 중국 1,000개 도시에서 운영되고, 5억 5,000만 명 이상의 사용자와 하루 2,500만 명 이상의 이용자를 보유하면서 중국 공유자동차 시장에서 90% 이상의 점유율을 차지하고 있다. 중국은 교통수단 중 공유자동차의 점유율이 19%로 상당히 높은 편인데, 이 중 디디추싱이 92.5%2018년 기준의 점유율로 해당 분야를 거의 독점하고 있는 것이다.

디디추싱은 2012년에 텐센트가 투자한 디디다처Didi Dache와 알리바바가 투자한 콰이디다처Kuaidi Dache가 2015년 2월에 합병하면서 탄생한 기업이다. 디디추싱은 처음부터 상당히 큰 규모로 시작했는데, 2016년 8월 중국에서 영업 중이던 우버차이나를 10억 달러에 인수하면서 공유자동차 시장 점유율을 38%까지 끌어올렸다.

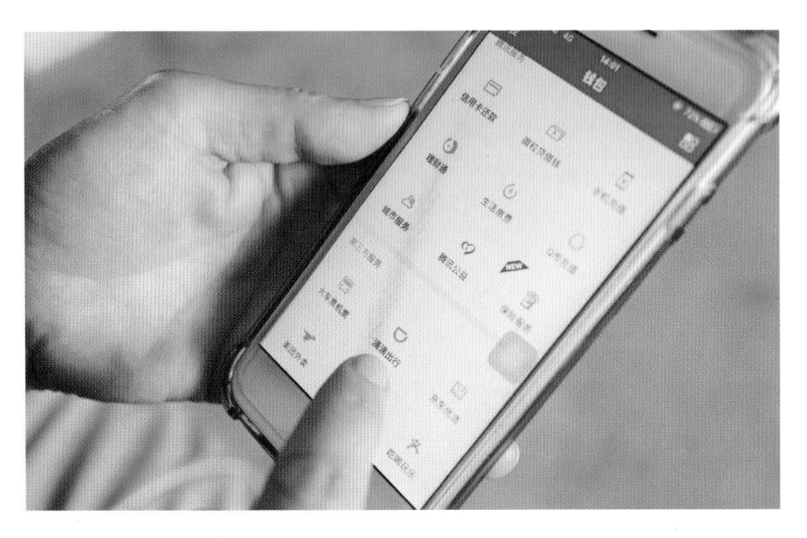


• 디디추싱(DiDi Chuxing)의 애플리케이션

디디추싱은 우버, 리프트, 그랩, 올라 등 글로벌 공유자동차 기업들과 협력하고 있으며, 주요 투자자는 17%의 지분을 갖고 있는 소프트뱅크이다. 우버 14%, ESOP 12%, 텐센트 7%, 알리바바가 5%를 투자하고 있고, 애플도 3%를 투자하였다. 디디추싱은 반대로 브라질 최대 공유자동차 기업인 99택시에 10억 달러를 투자한 대주주이기도 하다.

디디추싱의 사업 영역을 보면, 우리나라의 카카오택시와 같은 택시 호출 서비스가 있고, 우버와 동일한 서비스인 콰이처Didi Express와 주안처Didi Premier가 있다. 그밖에도 대리운전Didi Driving, 버스Didi Bus, 자전거 공유 서비스도 제공하고 있다. 이들 서비스를 단 하나의 플랫폼에서 처리하고 있다.

디디추싱은 전기자동차와 자율주행자동차 개발에도 참여하고 있다. 먼저 전기자동차 개발을 위해 2018년 토요타, 폭스바겐, 르노-닛산-미쓰비시 얼라이언스Renault-Nissan-Mitsubishi Alliance 등 31개 자동차 업체들과 함께 전기자동차 개발을 위해 협력하고 있다. 또한 2018년 26만 대였던 자체 보유하고 있는 전기자동차 규모를 오는 2028년까지 1,000만 대로 확대할 예정이고, 이용자 규모도 20억 명으로 끌어올린다는 계획이다. 또한 디디추싱은 자율주행자동차 개발을 위해 2018년 3월 미국에 인공지능 연구실 디디랩스DiDi Labs를 설립하였고, 그해 5월 미국 캘리포니아에서 자율주행자동차를 테스트하기 시작했다.

디디추싱 서비스에 등록된 10만 대의 차량에 카메라를 설치하여 매일 약 100만 시간 이상의 영상 데이터를 자율주행 AI에 축적하는 프로젝트를 시작하기도 했다. 빅데이터를 축적해 궁극적으로는 자율주행자동차의 개발에 이용한다는 전략이다.

이처럼 디디추싱은 공유를 통해 도시 교통의 빈 부분을 채우고, 미래 모빌리티의 변화에 대응하겠다는 비전을 갖고 있으며, 현재는 중국을 넘어 호주, 일본, 중남미 등에도 자신의 비전을 실현해 나가고 있다.

• 자율주행자동차 개발을 위한 인공지능 연구실 디디랩스(DiDi Labs)

## 07 동남아 최대 공유자동차 기업 – 그랩(Grab)

2012년 말레이시아에서 처음 서비스를 시작한 그랩은 6억 명이 넘는 인구를 가진 동남아 지역의 최대 공유자동차 서비스 기업이다. 그랩의 동남아 시장 점유율은 75%에 달하며, 8개국 336개 도시에서 서비스를 제공하고 있다. 누적 승차건수가 30억 건을 돌파했고, 싱가포르, 태국, 베트남 등 7개 시장에서 '1초 66건 호출' 기록을 세우기도 했다. 시장 점유율 기준으로는 글로벌 공유자동차 시장에서 디디추싱과 우버 다음으로 큰 규모를 차지하고 있다.

그랩은 최대주주인 소프트뱅크 외에 디디추싱과 토요타, 마이크로소프트 등 글로벌 기업들이 투자에 참여하고 있다. 누적 펀딩 규모는 2019년 3월 기준 87억 달러이며, 기업 가치는 110억 달러에 이른다.

그랩은 동남아시아의 혼잡한 교통 환경을 해결하기 위해 현지의 교통 사정에 적합한 다양한 서비스를 출시하고 있다. 혼잡한 역 앞에서 가장 가까이 있는 오토바이를 잡아탈 수 있는 그랩나우GrabNow, 동남아 어느 지역에서든 언어의 장벽 없이 운전기사와 대화할 수 있도록 만든 그랩챗GrabChat 등이 있으며, 모바일 결제 서비스인 그랩페이GrabPay, 푸드 배달 서비스인 그랩푸드GrabFood, 금융 시스템인 그랩파이낸셜GrabFinancial 등을 제공하고 있다.

• 동남아 지역의 최대 공유자동차 서비스 기업 그랩(Grab)

## 08 그 밖의 글로벌 공유자동차 기업들

2011년 설립된 올라는 인도 공유자동차 시장 1위 기업이다. 2019년 말 기준 인도 169개 도시에서 100만 명 이상의 운전자와 1,000만 명 이상의 이용자를 확보하고 있다. 2018년 기준으로 올라의 기업 가치는 62억 달러를 웃돌 것으로 파악되었으며, 차량호출 외에도 음식 배달, 핀테크 등 다양한 영역으로 사업을 확장하고 있다. 2019년 3월에는 현대자동차로부터 3억 달러를 투자받기도 했다.

2010년에 설립된 고젝은 2억이 넘는 인구를 갖고 있는 인도네시아를 거점으로 하고 있으며, 2018년 현재 동남아시아 4개국에서 2,000만 명의 사용자와 4만 명의 운전자를 보유하고 있다. 구글 알파벳과 텐센트 등에서 투자를 받았으며, 기업 가치는 90억 달러에 달한다.

볼트는 2013년에 에스토니아에서 설립되었다. 유럽 기반의 31개국 84개 도시에서 1,500만 명의 사용자와 5만 명의 운전자를 확보하고 있다. 다임러 AG와 디디추싱의 투자를 받았으며, 기업 가치는 10억 달러이다.

• 글로벌 주요 공유자동차 기업(2018년 기준)

단위: 달러

| 기업 | 설립 | 본사 | 주요 서비스지역 | 사용자 수 | 운전자 수 | 기업 가치 |
|---|---|---|---|---|---|---|
| 우버 | 2009 | 미국 | 83개국 674개 도시 | 75백 만 | 3백 만 | 623억 (2020년) |
| 디디추싱 | 2012 | 중국 | 중국 1,000개 도시, 일본, 대만, 멕시코, 브라질, 호주 | 550백 만 | 21백 만 | 560억 |
| 리프트 | 2012 | 미국 | 미국 300개 도시 | 30.7백 만 | 1.9백 만 | 151억 |
| 그랩 | 2012 | 싱가포르 | 동남아 8개국 336개 도시 | 36백 만 | 7.1백 만 | 110억 |
| 올라 | 2010 | 인도 | 인도, 호주, 뉴질랜드, 영국 169개 도시 | 10백 만 | 1백 만 | 62억 |
| 고젝 | 2010 | 인도네시아 | 동남아 4개국 | 20백 만 | 4만 | 90억 |
| 볼트 | 2013 | 에스토니아 | 31개국 84개 도시 | 15백 만 | 5만 | 10억 |
| 얀덱스 | 2011 | 러시아 | 러시아, 동유럽 14개국 127개 도시 | n/a | n/a | n/a |
| 마이택시 | 2009 | 독일 | 유럽 9개국 100개 도시 | 1만 | 1.2만 | 1억 |
| 게트 | 2010 | 이스라엘 | 미국, 러시아, 영국, 이스라엘 120개 도시 | n/a | n/a | 14억 |

얀덱스는 2011년 러시아에서 시작해 동유럽 14개국 127개 도시에서 서비스를 하고 있다. 우버의 투자를 받고 있으며, 러시아 본국의 기업들로부터 투자를 받고 있다.

마이택시는 독일 기업으로 유럽 9개국 100개 도시에서 서비스하고 있다. 운전자 1만 2,000명, 사용자 1만 명으로 규모는 크지 않지만, 2014년 다임러 AG가 인수하여 직접 운영하고 있다.

게트는 이스라엘에 본사를 둔 기업으로 미국, 러시아, 영국에서도 볼 수 있다. 폭스바겐이 3,300억 원을 투자했으며 기업 가치는 14억 달러 수준으로 알려져 있다.

우리나라는 2013년 서울에서 우버X가 출시되었지만, 택시업계의 거센 반발로 법원에서 불법으로 규정하면서 퇴출되었다. 우버가 불법으로 규정되면서 현재 우리나라는 모빌리티 서비스의 불모지가 돼 버렸다. 이후 2014년 럭시LUXI, 2016년 풀러스Poolus가 다시 한 번 우리나라의 차량 공유 사업을 개척하고자 했으나 마찬가지로 택시업계의 반발로 사업 확장에 제동이 걸렸다. 2017년 대통령 직속 4차 산업혁명위원회가 이를 중재하고자 했으나 오히려 반발이 증폭되는 등 척박한 시장 환경이 계속되고 있다.

## 09 대중교통을 잠식하는 공유자동차

미국의 연간 승객 탑승횟수 추이를 보면 공유자동차는 2006년 이후 분명하게 택시 수요를 잠식하고 있으며 지금도 계속 증가하고 있다. 택시뿐만 아니라 다른 대중교통을 이용했을 승객이 공유자동차로 넘어왔을 수도 있다.

2014년 1분기의 택시 점유율은 52%, 우버 점유율은 9%였는데, 일 년이 지난 2015년 1분기에는 택시 35%, 우버 29%로 택시 점유율이 17% 감소하고, 우버는 10% 증가했다. 이것만 보더라도 공유자동차가 택시 시장을 크게 잠식하면서 성장했다는 것을 알 수 있다. 2012년 이후 택시 승객은 줄곧 감소하였고, 그 감소분을 공유자동차가 차지하면서 새로운 시장을 만들어 온 것이다. 2012년을 기준으로 동일 성장률을 가정하면, 2018년 미국에서 택시의 연간 탑승승객은 16억 명이 되어야 하지만 실제 택시 승객은 5억 명에 그친 반면, 공유자동차 탑승자는 48억 명에 달했다. 공유자동차가 택시의 10배 가까운 승객 운송을 맡은 것이다.

• 미국의 연간 택시와 공유자동차 승객 탑승 횟수 추이 단위: 십억 명

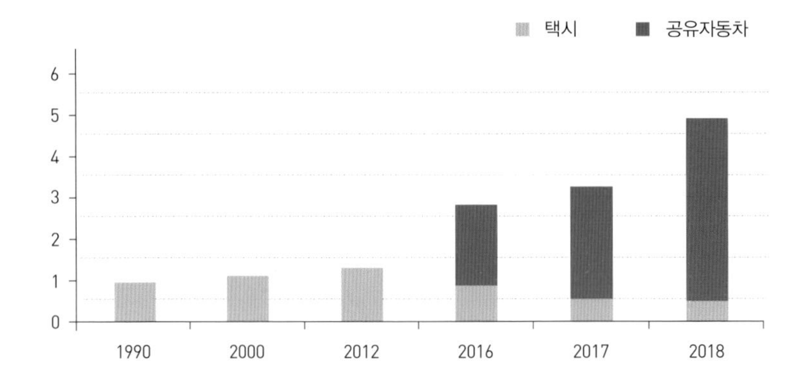


그러나 공유자동차는 이용의 편리성이라는 면에서 아직 한계가 있다. 카셰어링을 이용하려면 주차되어 있는 곳까지 가야 한다. 또 대부분이 도심에 집중되어 있고, 주거지나 변두리에서는 찾기가 쉽지 않다. 더구나 이용 후에는 원래 주차된 장소로 반납해야 한다. 카투고는 원래 장소에 반납하지 않고 목적지에 반납할 수 있지만, 대부분의 카셰어링은 그렇지 않다. 이런 이유로 출퇴근 통행이나 차를 세워두고 장시간 업무를 봐야 할 때는 사용 비용이 너무 많이 든다.

라이드셰어링은 카셰어링과 달리 자동차를 호출할 수 있고 목적지에 도착 후 통행이 완료된다. 그러나 운전자라는 낯선 사람과의 동승은 여전히 불편하다. 게다가 운전자의 신분에 대한 불안도 완전 해소할 수 있는 것이 아니다. 라이드셰어링을 이용하면서 내가 듣고 싶은 음악을 듣거나 목청을 높여 노래를 따라 부를 수도 없다. 개인적인 통화나 잡담도 조심스럽다. 라이드셰어링은 아직 자동차의 중요한 요소인 '자기만의 공간'을 제공하지 못하는 것이다.

그럼에도 공유자동차는 자동차 소유를 줄일 수 있을 뿐만 아니라 택시나 대중교통 서비스가 어려운 사각 지역에서 이동 서비스를 제공해 줄 수 있다는 점에서 자동차 시장의 판도를 바꿀 강력한 모빌리티 서비스임에 분명하다.

이용자 입장에서 라이드셰어링은 다른 교통수단보다 편리하면서도 값싼 요금체계를 갖고 있다. 유럽에서 자동차 평균 이동 거리로 알려진 7.3km에 소요되는 통행비용은 공유자동차는 4.95유로, 택시 18.9유로, 자가용 3.45유로, 대중교통 2.70유로이다. 아직은 자가용이나 대중교통보다 비싸지만, 자동차의 경우 보험료, 정비수리비, 감가상각비 등의 고정비용을 추가하면 실제 통행비용은 공유자동차가 자가용보다 결코 높다고 할 수 없다.

자율주행자동차와 결합할 경우, 공유자동차는 더욱 더 경쟁력을 갖게 될 것이다. 자율주행 AI는 운전이 더 능숙할 뿐만 아니라, 운전자 신원에 대한 불안이 없으며, 인건비가 빠지기 때문에 요금도 크게 낮아진다. 게다가 자율주행자동차가 전기로 구동되면 전기+공유+자율주행자동차의 비용은 1마일당 0.31달러까지 떨어질 것이라고 한다. 자동차를 소유하면 구매 비용은 물론, 유지 및 주차비도 만만치 않다. 반면 공유자율주행자동차는 값싼 요금으로 승용차와 같은 사적 공간을 누릴 수 있으면서 집 앞에서 타고 목적지에서 차량을 보낼 수 있다. 자동차를 소유할 이유가 사라지는 것이다.

이처럼 저렴한 비용과 서비스의 편리성으로 인해 결국 자동차의 개인 소유는 줄어들게 될 것이며, 공유자율주행자동차가 보편적인 이동수단이 될 것이다. 이것이 우버나 리프트가 자율주행자동차 투자에 목을 매는 이유다.

## 10 공유자동차 시장의 전망

대중교통은 승용차가 없는 사람들의 교통수단이면서 동시에 교통혼잡과 대기오염 등 도시문제를 줄이기 위한 것인데, 공유자동차가 이를 방해한다는 주장도 있다. 실제로 라이드셰어링은 택시뿐만 아니라 대중교통 점유율을 잠식해 새로운 통행까지도 촉발시킨다.

그러나 공유자동차가 자율주행자동차와 결합하여 대중교통의 불편이 개선되고 더욱 편리해진다면 어떻게 될까? 이미 우버는 자사의 앱 안에 대중교통 시스템을 통합하려는 움직임을 보이고 있다. 우버 서비스와 버스, 지하철 등을 비교해 더 빠르고 경제적인 교통수단을 제공함으로써 단순히 자사 서비스를 위한 플랫폼이 아닌 모빌리티 플랫폼 그 자체가 되겠다는 것이다. 당연히 대중교통요금 결제까지 원스톱으로 가능해진다. 현재는 미국 콜로라도 덴버에서 시범적으로 실시되고 있지만, 향후 미국 전역 및 글로벌 전체로 확대할 전망이다. 우버의 계획대로 대중교통과의 경쟁 구도를 벗어나 통합 모빌리티라는 더 큰 생태계를 만드는 데 성공한다면 대중교통과 어우러진 멋진 모빌리티 성공 모델이 탄생할 것이다.

공유자동차 시장은 앞으로도 계속 규모를 확장시킬 것이 분명하다. 2016년 약 700억 달러를 기록했던 글로벌 공유자동차 시장은 2030년에는 7,000억 달러, 2040년에는 3조 3,000억 달러를 기록할 전망이다. 캐나다의 빅토리아 교통정책 연구소는 자율주행자동차가 공유자동차 시장 규모를 크게 확대시킬 것이라고 전망하면서, 전체 자동차 산업에서 공유자동차 비율이 2050년에는 50% 수준으로 성장할 것이라고 밝혔다. 이러한 전망의 근거는 공유자동차 기업에 대한 글로벌 완성차 업체와 IT 기업의 투자가 전방위적으로 이뤄지는 데서 찾을 수 있다. 시장이 공유자동차 시장의 미래를 내다보고 있다는 말이다.

• 카셰어링과 공공자전거와 대중교통을 연결한 오스트리아의 Wien Mobile

• 공유자동차 관련 투자 및 제휴 관계도

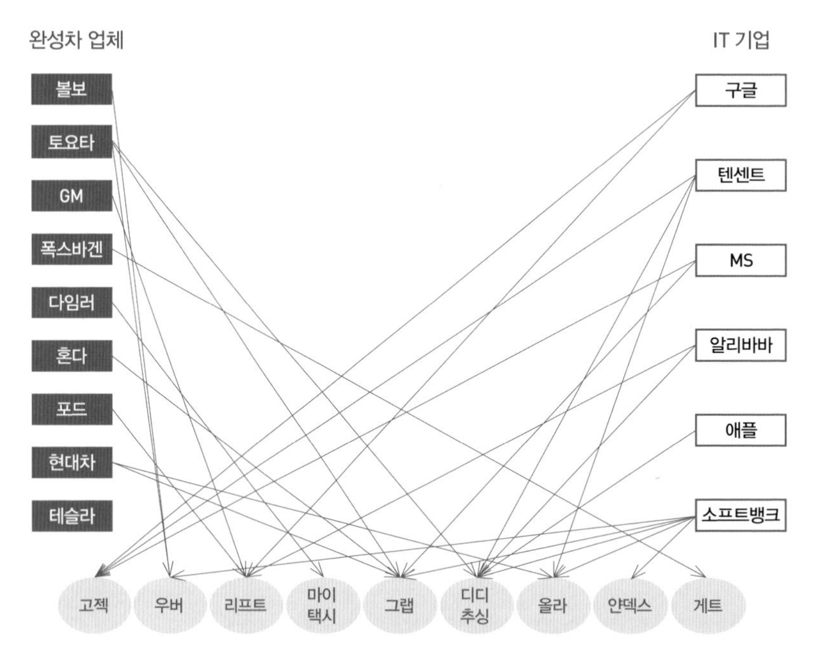

chapter. 04

# 자동차 패러다임을 바꾸는 자율주행자동차

## 01 자율주행자동차의 작동 원리

2019년 4월 30일 제정되고 2020년 5월 1일부터 시행된 「자율주행자동차 상용화 촉진 및 지원에 관한 법률」 제2조 1항 1호에서는 자율주행자동차를 "운전자 또는 승객의 조작 없이 자동차 스스로 운행이 가능한 자동차"로 정의하고 있다. 쉽게 설명하면, 자율주행자동차는 운전자나 동승자의 운전 행위 없이 자동차가 주행 환경에 따라 자율적으로 운전할 수 있는 자동차를 말한다. 따라서 자동차 스스로 주변 교통 상황에 맞게 감속하거나 가속하고, 조향이나 차로 변경 등 운전에 필요한 모든 조작을 맡아서 할 수 있다. 나아가 자율주행자동차에 탑승한 사람은 운전에서 완전히 배제되며 어떤 교통 상황이건 간에 자동차가 스스로 인지, 판단하면서 주행하게 된다.

• 자율주행자동차의 기술 구성

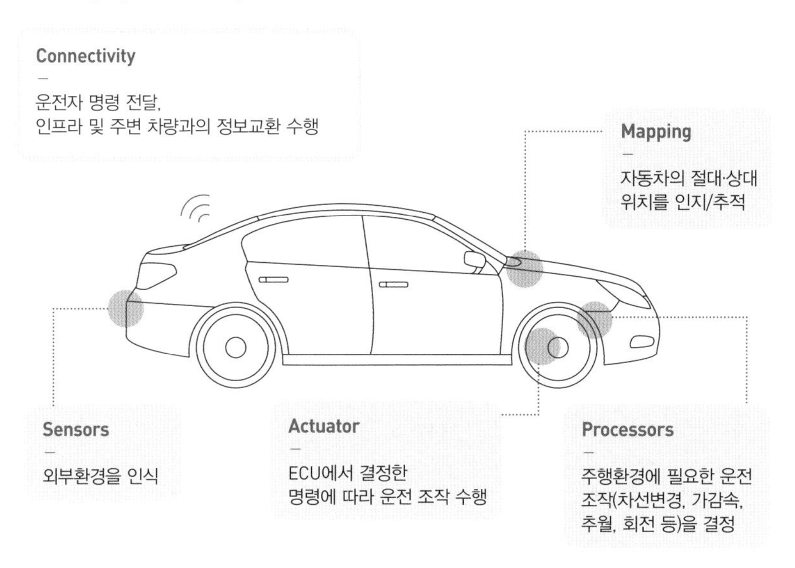


• 자율주행 기술

| 주요기술 | 세부시설 |
|---|---|
| **주행 환경 인식**, Sensors | • 카메라, 레이더(RADAR), 라이다(LiDAR) 등의 센서 사용<br>• 정적 물체(가로등, 신호등, 도로표식과 동적 물체차량, 보행자, 자전거 등)를 인식 |
| **위치인식**, Mapping | • 고정밀 위성측위 장치(GPS 등), 정밀지도<br>• 자율주행자동차의 절대·상대 위치를 인식하고 추적 |
| **판단**, Processors | • 자율주행 운전 조작을 결정하는 자동차 전자제어 장치인 ECUs(Electronic Control Units), 마이크로프로세서인 MCUs(Micro-Controller Units) 등 프로세스 사용<br>• 주행환경에 필요한 운전 조작(가감속, 차선변경, 추월, 회전 등)을 결정 |
| **제어**, Actuator | • 스마트 액추에이터(actuator)<br>• ECU에서 결정한 명령에 따라 운전 조작 수행 |
| **연결**, Connectivity | • HVI(Human-Vehicle Interface), V2X(Vehicle to Everything) 기술 사용<br>• 운전자 명령 전달, 인프라 및 주변 차량과의 정보교환 수행 |

자율주행자동차는 일반적으로 센서, 통신 기술, 정밀지도, 위성항법 기술, 인공지능 등 첨단 기술이 접목되어 작동한다. 카메라, 레이더RADAR, 라이다LiDAR와 같은 센서로부터는 다른 차량들과 도로 시설물 등을 인식할 수 있는 정보를 받는다. 이 중 라이다는 360도 회전하여 주변 이미지를 구축하고, 주변 사물과의 거리를 인식하는 역할을 한다. 위성항법 기술과 정밀지도를 통해 자신의 위치를 정확하게 추적하며, 인공지능은 이 모든 정보를 통해 자율운전에 필요한 인지, 판단, 운전 조작을 수행한다.

여기에 더해 V2XVehicle to Everything 연결 기술은 차량과 차량V2V: Vehicle to Vehicle, 차량과 도로변 시설V2I: Vehicle to Infrastructure과의 통신을 통해 주행 안전에 필요한 정보를 교환하고, 도로 교통 네트워크를 효율적으로 관리할 수 있다. V2V는 앞차와 뒤차 그리고 주변 자동차들과 정보 교환을 하며, 자동차의 가감속, 정지, 차선 변경을 수행하고, 교통혼잡을 예방할 수 있도록 경로를 설정할 수 있게 한다.

## 02 기술 수준에 따른 자율주행 개발 단계

자율주행자동차는 자율주행 기술 수준에 따라 개발 단계를 구분하고 있다. 미국 자동차공학회SAE: Society of Automotive Engineering와 미국 교통부 산하의 미국도로교통안전국NHTSA: National Highway Traffic Safety Administration이 제안한 기술 개발 단계가 있으며, 이 중 SAE 기준이 폭넓게 사용되고 있다. SAE 기준은 국제 표준 J3016으로 제정되어 있으며, 0단계에서 5단계까지 총 여섯 단계로 자율주행 기술을 구분한다.

• 자율주행 기술레벨의 6단계

○ 운전자가 수행 ○ 운전자가 조건부 수행 ○ 시스템이 수행

| 주도 | 단계 | 내용 | 구분 | 특징 |
|---|---|---|---|---|
| 운전자 주도 | **0단계** : 비자동화 | 운전자가 차량 제어를 전부 수행 | Drive On | • 운전자 항시 운행<br>• 긴급상황 시스템 보조 |
| 운전자 주도 | **1단계** : 운전자 보조 | 운전자가 직접 운전, 특정 주행모드에서 시스템이 조향 또는 감·가속 중 하나만 수행 | Hands On | • 시스템이 조향 또는 감·가속 보조 |
| 운전자 주도 | **2단계** : 부분 자동화 | 운전자가 직접 운전, 특정 주행 모드에서 시스템이 조향 및 감·가속 모두 수행 | Hands Off | • 시스템이 조향 및 감·가속 보조 |
| 자율주행 시스템 주도 | **3단계** : 조건부 자동화 | 특정 주행 모드에서 시스템이 차량제어를 전부 수행, 운전자는 시스템 개입 요청 시에만 대체 수행 | Eyes Off | • 위험 발생 시 운전자 개입 |
| 자율주행 시스템 주도 | **4단계** : 고수준 자동화 | 특정 주행 모드에서 시스템이 차량제어를 전부 수행, 운전자는 해당모드에서 개입 불필요 | Mind Off | • 운전자 개입 불필요 |
| 자율주행 시스템 주도 | **5단계** : 완전 자동화 | 모든 주행 상황에서 시스템이 차량제어를 전부 수행 | Driver Off | • 운전자 불필요 |

0단계는 비자동화No Automation 단계로, 자동차의 모든 제어가 진직으로 운전자에게 달려 있다. 차선 이탈 경고나 이동 사물 감지처럼 시·청각 경고 시스템이 장착된 차량도 여기에 해당한다. 이 시스템들은 경고음과 경고등을 제공할 뿐 여전히 자동차의 모든 제어는 운전자의 몫이기 때문이다. 이 단계는 운전자가 운전 조작의 100%를 책임지므로 드라이브 온Drive On 상태라고 할 수 있다.

1단계는 운전자 보조Driver Assistance 단계로 가속·감속 기능이 제공된다. 가령 앞차와 간격을 스스로 유지하면서 일정 속도로 주행하는 기능을 하거나 차선의 중앙을 따라 주행하도록 유지하는 레인 센터링 등의 기능 중 어느 하나를 수행한다. 이 단계는 자동화 기능의 도움을 일부 받지만 여전히 운전자가 운전대를 잡고 있어야 한다는 뜻으로 핸즈 온Hands On 상태라고 할 수 있다.

2단계는 부분 자동화Partial Automation 단계로, 자동화 기능의 도움을 받으며 자동으로 주행하지만 운전자는 비상사태를 대비해 교통 상황을 주시해야 하며, 안전에 대해서도 책임을 진다. 테슬라의 오토파일럿, 캐딜락의 슈퍼크루즈, 볼보의 파일럿 어시스트 등이 대표적인 2단계에 속한다. 가감속이나 조향 가운데 하나만을 제어할 수 있는 1단계와는 달리, 2단계는 동시에 두 가지 기능을 수행할 수 있다. 가령 앞차와의 간격을 유지하는 크루즈 컨트롤과 차선의 중앙을 따라 주행하도록 유지하는 레인 센터링 등의 기능을 동시에 수행할 경우 2단계에 해당한다. 이 단계는 운전자가 정해진 조건에서 운전대를 잡고 있지 않아도 된다는 뜻에서 핸즈 오프Hands off 상태라고 할 수 있다.

3단계는 조건부 자동화Conditional Automation 단계로, 사람의 개입 없이 조향, 가속 및 감속, 추월이 가능하다. 또한 사고나 교통혼잡을 피해 주행할 수도 있다. 이 단계에서는 운전자가 운전대와 페달에 손과 발을 올려

두지 않아도 된다. 다만, 운전자의 개입을 요청받는 경우 운전자는 자동차를 직접 조작해야 한다. 그러나 자율주행상태에서 운전자 조작으로 전환되는 과정에서 위험한 상황이 발생할 가능성이 높으므로 구글이나 포드, 볼보 등은 3단계를 건너뛰고 바로 4단계로 가겠다는 입장이다. 이 단계는 정해진 조건에서 운전대를 잡고 있지 않아도 되는 것은 물론 운전자가 주행환경을 항상 주시할 필요가 없기 때문에 아이즈 오프Eyes Off 상태라고 할 수 있다.

4단계는 고수준 자동화High Automation 단계로, 특정 조건에서 손과 발, 눈이 완전히 자유롭고, 비상 상황에 대한 대처를 자동차가 직접 수행한다. 게다가 운전자가 차량 제어에 개입하라는 요청에 적절히 응하지 못하는 상황에도 스스로 안전한 주행이 가능하다. 이 단계에서는 운전자가 잠을 자거나 운전석을 떠날 수도 있어 마인드 오프Mind Off 상태라고 할 수 있다.

5단계는 완전 자동화Full Automation 단계로, 사람이 운전할 수 있는 모든 도로 및 교통 조건에서 자동차가 직접 운전을 수행한다. 이 단계는 어떠한 경우에도 사람은 운전에서 완전히 자유롭고, 운전자가 필요 없기에 드라이버 오프Driver Off 상태라고 할 수 있다.

정리하면, 자동화가 시작되는 2단계까지는 운전자가 주도권을 가지며, 운전자가 여전히 주행을 책임져야 한다. 3단계부터는 자율주행시스템이 주도권을 갖는다. 4단계는 완전자율주행자동차라고 할 수 있지만, 정해진 구역이나 교통 조건에서만 자율주행 기능을 수행할 수 있다. 5단계는 4단계와 기능측면에서는 차이가 없지만 운전자의 존재가 사라지고 운전석이 아예 존재하지 않는다는 차이가 있다.

03

## 자율주행자동차 개발의 선구자들

1925년 호우디나 라디오 컨트롤이란 기업이 뉴욕의 한 거리에서 무선으로 조정되는 자동차 '아메리칸 원더American Wonder'를 선보였다. 아이들이 갖고 노는 무선 조종 자동차 장난감처럼 개발자는 아메리칸 원더의 바로 뒤에서 자동차로 쫓아가면서 무선 조정으로 주행과 정지, 가감속, 핸들을 조정하였다. 이것이 바로 오늘날 자율주행자동차의 시초이다.

1939년 뉴욕 퀸즈에서 열린 만국박람회에서는 GM의 후원을 받은 산업디자이너 게디스Norman Bel Geddes가 '퓨쳐라마Futurama'라는 이름으로 1960년대 미래도시 풍경을 거대한 미니어처로 표현했는데, 이 전시에서는 오늘날 자율주행자동차와 유사한 콘셉트가 제시되었다. 그는 도로에 깔린 회로 기반의 전자장으로 작동되는 원격 조정 전기자동차를 선보였다. 당시에는 자동차 자체보다는 도로 인프라를 통해 자동차의 무인화를 이루겠다는 생각이 지배적이었고, 퓨처라마에도 그런 아이디어가 반영되었다.

1953년 RCA 연구소는 브라운관 및 자동화 기술의 권위자인 즈보리킨 Vladimir Zworykin을 영입하여 GM과 공동으로 전자 고속도로를 연구했으며, 같은 해 공장 바닥에서 보내는 신호로 조정되는 미니어처 자동차를 만들었다. 이후, 1958년 네브라스카 링컨 외곽 120m의 고속도로에서 실물 크기의 자동차로 자율주행자동차 실험을 하였다. 이들은 2대의 쉐보레 모델 차량으로 차선을 유지하면서 앞 뒤 차량 간격을 원격 제어하였다. 또한 1960년에는 비슷한 방식으로 뉴저지의 고속도로에 시범 트랙을 만들어 실험을 했는데, 당시 실험 자동차는 자동으로 시동을 걸었고, 가속을 하고, 운전대를 조작하며 정지를 하였다. 이들이 만든 자율주행자동차는 도로를 따라 매설된 직사각형 모양의 전선 고리에서 발생한 전자기적 신호를 통해 운행 정보를 파악했다. 이 신호를 전달받은 자율주행자동차는 차로 중앙을 따라 주행하였을 뿐만 아니라 앞의 차량 정보를 파악해 감속과 가속을 성공적으로 수행하였다. 계속해서 GM은 1964년 뉴욕 퀸즈에서 새로운 자율주행자동차 '파이어버드Firebird'를 선보이기도 했다.

1970년대에는 정부와 대학을 중심으로 자율주행자동차가 연구되었다. 영국 도로교통연구소는 금속 트랙 위에서 운전자가 없는 시트로엥 DS를 테스트하였다. 이 자동차는 사람보다 속도와 방향 조절 능력이 뛰어났다. 이 시트로엥은 인간보다 반응이 빨라 차량 간격을 크게 줄일 수 있기 때문에 도로 용량을 50% 이상 향상시킬 수 있을 것이란 분석 결과를 내놓기도 했다.

• 1970년 시트로엥 DS

그러나 도로 아래에 전기 케이블을 매설하고 도로변에 제어 장치를 설치하여 움직이는 자율주행자동차는 금세 매력을 잃었다. 전기 케이블과 트랜지스터를 비롯하여 다양한 장비로 이루어진, 게다가 외부 충격에 취약한 시설을 수만 킬로미터의 고속도로에 설치하고 관리하는 일은 현실적으로 거의 불가능했기 때문이다.

오늘날 V2I에 대한 연구개발 역시 과거와 크게 다르지 않다. V2I 장비 한 대를 설치하는 비용이 5만 1,650달러에 달한다고 한다. 자율주행기술의 권위자인 프린스턴대학의 콘하우스Alain Kornhauser 역시 V2I에 대해 매우 회의적이다. 그는 도로를 달리는 차량 절반 이상이 V2I 송수신기를 장착하고 있지 않다면 큰 성과를 내지 못할 것이며, 전체 차량 중 10%만 V2V 장비를 장착한 경우, 2대의 자동차가 서로 커뮤니케이션할 가능성은 1%에 불과하다고 했다.

1980년대에 들어서 자율주행자동차 연구는 오늘날과 같이 자동차 자체를 개량하는 쪽으로 방향이 바뀌었다. 이때 연구의 선두에 선 것은 미국 국방부의 연구개발 기관인 국방고등연구기획국DARPA: Defense Advanced Research Projects Agency이었다. DARPA의 자율주행육상차량 프로젝트에서는 메릴랜드대학, 카네기멜론대학 등이 개발한 라이더, 컴퓨터 시각화 프로그램, AI 기술을 적용한 자율주행자동차를 실험 도로에서 최대 시속 31㎞로 달리게 하는 데 성공하였다. 또 1987년에는 HRL 연구소가 자동차 내장 지도와 센서를 통해 자율적으로 길 찾기가 가능한 자율주행자동차를 개발하였다. 1989년에는 카네기멜론대학에서 뉴럴 네트워크Neural Network를 사용해 자동차가 스스로 조향 및 기타 제어를 할 수 있도록 하였다.

1990년대 들어서는 실제 도로에서 자율주행자동차 실험이 시작되었다. 미국 도로교통안전국은 GM, 버클리 캘리포니아대학, 카네기멜론대학 등과 함께 '데모 97'이라는 자율주행자동차 시연을 했다. 캘리포니아 샌디에고 I-15 도로에서 진행된 이 실험에서 자율주행자동차 20대가 실제 도로에서의 주행 가능성을 보여주었다. 특히 1995년에는 카네기멜론대학의 네브랩Nav Lab 프로젝트를 통해 제작된 자율주행자동차가 5,000km 거리의 크로스컨트리 주행에 성공하였다. 놀라운 것은 이 구간의 98.2%를 인간이 아닌 자동차 스스로 주행했다는 것이다. 같은 해 독일 연방군대학의 디크만 교수는 자율주행자동차로 개조된 벤츠 차량으로 독일의 뮌헨에서 덴마크 코펜하겐에 이르는 1,590km 구간을 주행하였다. 이 차량은 독일 아우토반에서 시속 175km의 속도를 냈으며, 자율주행 비율은 95%였다. 이탈리아 파르마대학의 브로기Alberto Broggi 교수는 저가형 흑백 비디오카메라 2대를 가지고서 북이탈리아에서 평균 시속

90km로 6일간 1,900km를 주행하는 데 성공했는데, 당시 자율주행 비율은 94%였다.

2000년대에 들어서도 DARPA는 자율주행자동차 연구 개발의 선두에서 있었다. 특히 2004년, 2005년, 2007년의 DARPA 그랜드 챌린지는 자율주행자동차의 발전을 이끈 중요한 행사로 널리 인정받고 있다. DARPA는 2004년 개최된 그랜드 챌린지에서 150마일의 모하비 사막코스를 자율주행자동차로 완주하는 팀에게 100만 달러의 상금을 걸었다. 2004년에는 아무도 달성하지 못했고, 2005년이 되어서야 5대의 자동차가 해당 코스를 완주하였다. 2007년에는 카네기멜론대학의 휘태커William Red Whittaker 교수가 이끄는 타탄Tartan 레이싱 팀이 'Boss'라는 자율주행자동차로 우승하면서 200만 달러를 거머쥐었다.

DARPA의 그랜드 챌린지는 구글의 쇼퍼 프로젝트Chauffeur Project가 필요로 했던 인적 자원의 주요 공급원이 되어주었다. 구글은 머신러닝, 로보틱스, 인터페이스 설계, 레이저 기술 등 다양한 분야의 세계적 수준의 전문가를 영입하였다. 또한 자율주행자동차 개발을 위해 우버는 2015년 2월 카네기멜론대학의 로보틱스 및 컴퓨터 과학 분야에서 활동하던 약 40명의 인재를 영입하기도 했다.

오늘날 자율주행자동차가 미래 자동차 산업의 핵심이 될 것으로 판단한 완성차 업체들은 앞 다투어 연구 개발에 참여하고 있다. GM, 포드, 다임러 AG, 폭스바겐, 토요타, BMW, 닛산 등이 자율주행자동차를 개발해 테스트하기 시작했고, 곧이어 적응형 크루즈 컨트롤Adaptive Cruise Control과 같은 자율주행 기술이 고급 승용차의 기본 기능이 되었다.

IT와 모빌리티 기업들도 자율주행자동차 개발에 가세했다. 자율주행의 핵심이 인공지능 소프트웨어에 있기에 이들 IT 기업은 자동차 기업보다 더 괄목할만한 성과를 보여주고 있다.

• 최신 자동차 핸들에 있는 적응형 크루즈 컨트롤 패널 단추

## 04 주요 완성차 업체들의 자율주행자동차 개발

2017년 10월, 포드의 CEO 해킷Jim Hackett은 경영전략 발표회를 통해 2020년까지 신차의 90%를 커넥티드 카Connected Car로 출시하겠다고 발표했다. 이와 관련하여 포드는 이미 마이크로소프트와 공동으로 차량용 플랫폼 싱크SYNC를 개발하였다. CES 2018에서 포드는 "데이터와 소프트웨어, AI를 핵심으로 하는 차세대 산업의 솔루션 기업으로 전환할 것"이라고 밝히기도 했다.

포드는 2017년 8월, 도미노 피자와 제휴하여 자율주행자동차를 통한 피자 배달 실험을 시작했고, 2018년 1월에는 식품 택배 벤처 기업인 포스트메이트로부터 자율주행을 통한 배송 서비스를 수주하면서 사람과 물자를 이동시키는 모빌리티 사업에 진출하였다. 또한 2018년 4월에는 아마존과 제휴하여 주인이 집을 비워도 자동차 트렁크에 상품을 배달하는 '아마존 키 인카Amazon Key in Car' 서비스를 시작했다.

폭스바겐 그룹의 140명의 엔지니어와 사회과학자, 제품 설계자들은 구글 지도를 아우디 내비게이션과 통합시켰고 새로운 인포테인먼트 시스템을 개발하고 있다. 폭스바겐 그룹은 폭스바겐과 포르쉐, 부가티, 벤틀리, 람보르기니 등 그룹 내 주요 브랜드의 자율주행자동차 기술 개발을 아우디에 집중시키고, 2020년부터 아우디 산하 자율주행 소프트웨어 개발 자회사인 AID를 통해 자율주행 기술 개발에 주력하고 있다.

다임러 AG의 실리콘벨리 사업부에서는 2016년부터 300명 가까운 연구원이 자율주행자동차 연구에 몰두하고 있으며, 세계 최대 GPUGraphics Processing Unit 업체인 엔비디아의 AI 플랫폼을 적용해 2024년에는 자율주행자동차를 상용화 할 것이라고 발표했다.

BMW는 2016년 7월 핸들과 페달이 없는 완전자율주행자동차를 개발하겠다고 발표했으며, 2021년 차세대 크로스 오버 자율주행자동차 아이넥스트를 출시할 예정이다.

• BMW의 iNEXT 외관 및 내부 모습

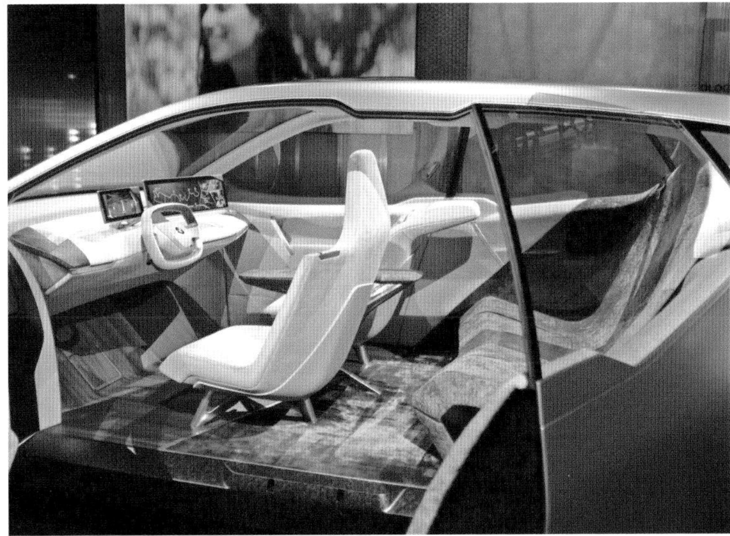

• 토요타 이팔레트 콘셉트(e-Palette Concept)

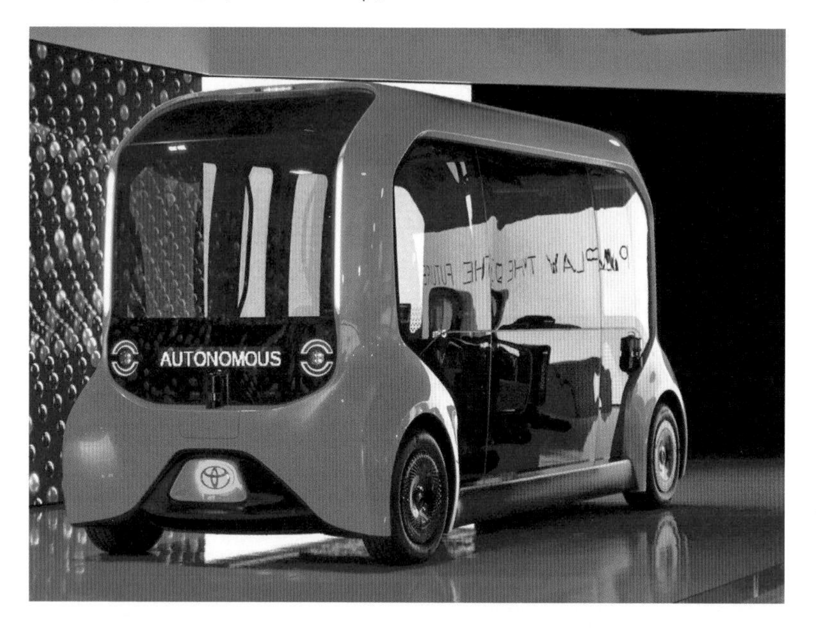


토요타는 2016년 AI, 자율주행, 로보틱스를 연구하는 TRIToyota Research Institute를 설립하고, 인공지능 연구에 10억 달러를 투자했다. 토요타는 CES 2018에서 모빌리티 컴퍼니를 선언하면서, 차세대 모빌리티 플랫폼인 이팔레트 콘셉트e-Palette Concept를 발표했다. 이팔레트는 용도에 맞도록 유연하게 형태를 바꿀 수 있는 다목적 자율주행 전기자동차 플랫폼이다. 가령, 아침저녁에는 승차 공유, 낮 동안에는 이동식 점포·호텔·사무실의 역할을 할 수 있다. 피자를 먹고 싶을 때는 피자 가게가 우리 집 앞으로 와 갓 구운 따끈한 피자를 배달해 줄 수도 있다. 이를 위해 토요타는 아마존, 디디추싱, 마쓰다, 피자헛, 우버 등과 제휴하고 있다.

현대차그룹은 2019년 12월부터 서울 시내 23개 도로에서 6대의 자율주행자동차를 시험 운행하기 시작했고, 2021년까지 수소 연료전지 자율주행자동차 15대를 투입할 예정이다. 또한 2024년까지 자율주행자동차 생산 시스템을 마련하고 2030년에는 본격적으로 상용화할 것이라고 하였다. 2020년 3월에는 미국 세계 최대 자동차 전장부품 기업인 앱티브Aptive와 공동으로 34억 달러를 투자해 모셔널Motional이라는 자율주행기술 전문회사를 설립했다. 이 회사는 완전자율주행에 준하는 4단계 수준의 자율주행 기술을 개발하고 상용화하는 것을 목표로 하고 있다.

• 현대차-앱티브 합작사 Motional

## 05 IT 기업들의 자율주행자동차 개발

자율주행자동차 개발에 참여한 IT 기업이나 모빌리티 기업들 중 가장 뛰어난 기술력을 갖고 있는 기업은 구글이다. 구글이 자율주행 기술 개발을 하는 이유는 무엇일까?

구글은 스마트폰 OS인 안드로이드를 오픈 자율주행 플랫폼으로 확장시켜 고객 접점을 늘리고, 이를 통해 또 다른 광고 수입의 기회를 얻고자 자율주행자동차 시장에 뛰어들었다. 자율주행자동차는 인간이 광고를 접할 새로운 시간을 선사한다. 자동차를 소유한 사람들이 운전에 매일 1시간 정도를 할애한다고 할 때, 구글은 그 1시간을 광고 사업의 기회로 생각하는 것이다.

기술 산업 미디어 회사인 테크크런치TechCrunch 주최로 열린 컨퍼런스에서 구글은 2019년 공공도로 시범 주행거리가 미국 25개 도시에서 2,000만 마일을 돌파했다고 발표했다. 또한 시뮬레이션을 통해서는 매일

2만 5,000대의 자율주행자동차가 하루 24시간 800만 미일을 운전하여 가상 주행거리로 지구와 태양을 50번 왕복할 수 있는 거리인 100억 마일을 돌파했다고 언급했다.

2009년부터 본격적으로 자율주행자동차 개발에 착수한 구글에게 DARPA 그랜드 챌린지는 인적 자원의 주요 공급원이 되어주었다. 여기서 머신러닝, 로보틱스, 인터페이스 설계, 레이저 기술 등 다양한 분야의 전문가를 영입함으로써 자율주행자동차 개발을 시작할 수 있었다.

구글은 샌프란시스코와 오스틴 주변 도로에서 주행 테스트를 하였으며, 2012년 3월, 시각 장애인을 태운 테스트 주행 장면을 유튜브에 공개하기도 했다. 또 2012년 5월에는 네바다주에서 미국 최초로 자율주행자동차 전용 면허를 취득하기도 했다. 2013년에는 캘리포니아 일반도로에서 주행 실험을 시작하였고, 2014년 1월에는 GM, 아우디, 혼다, 현대, 엔비디아 등이 참여하는 OAAOpen Automotive Alliance 연합을 발표했다. 이 연합은 안드로이드의 차량 탑재 프로젝트를 위한 것인데, 궁극적인 목표는 안드로이드를 자율주행자동차의 플랫폼으로 확장하고 탑승자의 행동과 자동차에서의 검색 정보를 결합하여 고객이 원하는 정보를 자동차 내에서 제공하는 것이다.

2016년 12월에는 기존 연구조직인 구글엑스에서 벗어나 알파벳 그룹 산하에 자회사 웨이모를 설립하여 자율주행 프로젝트를 추진하고 있다. 2017년 5월 리프트와 제휴한 웨이모는 그해 11월에 자율주행자동차를 이용한 승차 공유 서비스 실험 계획을 발표했다. 구글 웨이모는 2018년 12월 미국 애리조나주 피닉스에서 세계 최초로 상용 자율주행 서비스를 시작했으며, 그 결과로 웨이모원을 출시했다. 웨이모원은 우버, 리프트와 마찬가지로 스마트폰 앱으로 차량을 호출해 이용할 수 있으며, 다만 피닉스시 교외 남동부 챈들러, 템페, 메사, 길버트 등에서 400명의 제한된 고객을 대상으로 운행하고 있다.

웨이모는 크라이슬러 미니밴 퍼시피카Pacifica에 자율주행시스템을 탑재했고, 운전석에는 운전자가 앉아 있도록 했다. 그밖에도 2019년 7월 2일에는 캘리포니아주로부터 웨이모원 서비스 운행 허가를 받았다.

2019년 구글 웨이모는 미국 디트로이트에 4단계 수준의 자율주행자동차 양산을 위한 공장을 설립하고, 2022년까지 자율주행자동차 2만여 대를 생산한다는 계획을 발표했다. 2020년 웨이모는 600대의 자율주행자동차로 총 3,200만 km 도로 주행 데이터를 확보해 자율주행 기술을 고도화하고 있다.

• 세계 자율주행 기술을 선도하는 구글의 웨이모

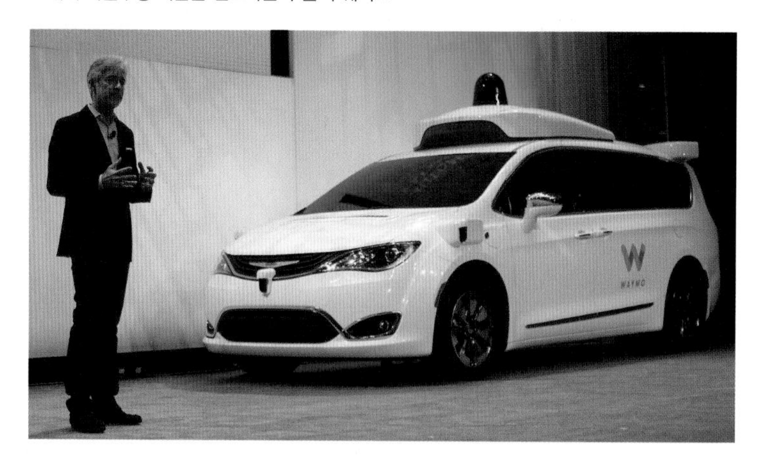

우버는 자율주행자동차 전담 조직인 ATGAdvanced Technologies Group를 통해 기술 개발 및 사업을 추진하고 있다. 2015년 자율주행 기술 개발에 착수하였으며, 2016년 일반도로에서 자율주행 테스트를 실행하여 320만 km라는 시험 주행 실적을 갖고 있다. 당초 2018년에 자율주행택시 서비스를 개시하고자 했으나, 그해 3월 시험 중이던 자율주행자동차가 보행자 사망사고를 일으키면서 연기되었다.

우버가 자율주행자동차에 심혈을 기울이는 것은 우버 서비스의 본질적인 문제점인 운전자 문제를 해결하기 위해서다. 낯선 운전자와 함께 이동하는 것은 여전히 불편하며, 운전자의 운전 능력이나 신분에 대한 불안감도 무시할 수 없다.

수익성 측면에서도 유리하다. 우버는 현재 기본요금 1달러 70센트에 추가 주행거리 1마일당 90센트를 받고 있다. 이 중 50%는 운전자의 몫이고, 20%는 우버의 몫이다. 나머지 30%는 연료비와 차량 수선유지비에 해당한다. 자율주행자동차는 50%에 해당하는 운전자 몫에서 비용을 줄일 수 있으므로 수익률은 더욱 높아지고, 요금은 크게 낮아질 것이다.

중국의 구글이라고 불리는 바이두는 알리바바, 텐센트와 함께 중국 3대 IT 기업으로 분류된다. 바이두는 2017년 4월 아폴로 프로젝트를 발표했고, 여기에는 다임러 AG, 포드와 같은 완성차 업체와 마이크로소프트, 인텔과 같은 IT 업체, 그밖에 보쉬, 콘티넨탈, 엔비디아와 같은 AI 부품사 등 70여 개의 파트너들이 참여하고 있다. 바이두 아폴로 프로젝트의 핵심은 자율주행을 위한 오픈소스 플랫폼의 개발이다. 이 플랫폼은 AI, 빅데이터, 고해상도 3차원 지도, 센서 등 그간 축적된 기술을 모두 결집하고 있다. 이를 통해 바이두는 자율주행 기술을 오픈소스화하고 다양한 파트너 사업자가 독자적인 자율주행시스템을 구축하도록 하는 것이 목표이다. 이 프로젝트는 중국 정부가 2017년 11월 발표한 '차세대 인공지능 개방·혁신 플랫폼'으로 명명된 프로젝트 중 하나로, 자율주행자동차 사업을 바이두에게 위탁하면서 시작되었다. 2021년까지 자율주행 전기자동차 개발을 목표로 하고 있으며, 현재는 '아폴로1.0'에서 '아폴로1.5'로 업그레이드되면서, 장애물 인식, 고정밀 지도 탑재, 딥러닝, 클라우드 기반 시뮬레이션, 드라이빙 플래닝 등의 기능 개발을 완료하였다.

알리바바는 2017년 9월 운영체제 알리OS를 발표하였다. 알리OS는 모바일은 물론, 자동차를 포함한 모든 IoT 제품에 탑재되는 오픈소스 OS로, 아마존 알렉사와 유사하다. 알리바바는 알리OS를 자동차에 탑재해 자율주행과 커넥티드 카 기능을 갖출 수 있도록 개발하고 있다. 현재 상하이자동차의 MG와 로위에 탑재하고 있으며, 선룽자동차에도 알리OS를 탑재해 판매하고 있다.

텐센트는 2017년 11월 베이징에 자율주행 기술 관련 연구 시설을 조성하고, 자율주행 사업을 추진하고 있다. 특히 고해상도 3차원 지도 제작사인 독일 히어Here를 흡수해 독자적인 사업을 진행 중이며, 2018년 4월부터는 공공 도로에서 자율주행자동차 테스트를 실시하였다.

디디추싱은 2015년 빅데이터와 AI랩스를 위해 디디연구원을 설립하여 소위 '교통대뇌'라고 불리는 교통분석 시스템을 개발하고 있다. 이것은 중국 내 하루 2,500만 건의 승차 공유 데이터, 클라우드 컴퓨팅, 인공지능 기술을 통해 교통상황을 예측하고 분석하는 시스템이다.

이처럼 중국은 디디추싱의 교통분석 시스템, 알리바바의 알리OS, 바이두의 아폴로 플랫폼을 통해 미래 도시의 자율주행자동차 및 교통시스템을 연결하고자 노력 중이다.

## 06 IT 기업과 완성차 업체의 자율주행자동차 개발 경쟁

구글을 비롯한 IT, 모빌리티 기업들은 자신들이 개발한 자율주행시스템을 기존 자동차에 이식하려고 한다. IT 기업이 자율주행자동차 개발에 뛰어든 이유는 무엇일까?

첫째, 자율주행 AI인 소프트웨어에 자신있기 때문이다. 자동차 스크린의 UX 디자인과 스마트폰 앱의 디자인 차이만 봐도 IT 기업의 강점이 자율주행 AI에 반영될 것을 쉽게 예상할 수 있다.

둘째, 그들은 자동차를 통한 IT 서비스플랫폼 서비스에 높은 가치가 있다고 믿고 있다. 구글은 자신들의 주력 사업인 광고 시장의 확대를 기대하며, 애플은 자동차를 아이폰과 같은 플랫폼 서비스 단말기로 진화시키기 위해 자율주행자동차 개발에 참여했다.

자동차 완성업체가 자율주행시스템을 IT와 모빌리티 기업들에게 빼앗길 경우, 자동차는 스마트폰과 같이 소프트웨어를 담는 껍데기로 전락할 것이다. 자동차의 소프트웨어가 소비자 선택의 핵심이 된다면 기존 자동차 완성업체는 시장의 지배력을 잃고 OEM 공장으로 전락하고 말 것이다. 아이폰을 생산하지만 사람들은 잘 모르는 애플의 하드웨어 제조사 폭스콘처럼 말이다.

따라서 자율주행 인공지능을 자동차 완성업체와 IT, 모빌리티 기업 중 누가 더 먼저 개발할 것인가가 미래 산업 재편에 큰 영향을 줄 것은 자명하다. 사실 지금까지 주요 자동차 기업들의 자율주행자동차 프로젝트는 운전자 보조 시스템에 불과했다. 따라서 자율주행자동차로 넘어가는 변화를 주도할 힘이 자동차 완성업체에게 있다면, 이들은 틀림없이 점진적인 변화를 선택할 것이다. 자동차 기업들이 점진적인 전략을 선호하는 이유는 시장에서 자신들의 기득권을 좀 더 오래 유지할 수 있다고 믿기 때문이다. 그러나 IT 기업들이 자율주행에 필요한 인공지능 기술을 확보하고 있다는 점에서 자동차 기업들의 이러한 전략은 자칫 위기를 자초할 수도 있다.

미국 캘리포니아 DMVDepartment of Motor Vehicles에 따르면 캘리포니아주는 2020년 현재 64개의 자율주행 관련 기업에게 공공도로 테스트를 허가했는데, 승객을 태울 수 있도록 허가한 기업은 오로라, 오토엑스, 포니닷에이아이, 웨이모, 죽스 등 5개 기업뿐이었다. 이들은 모두 자동차 기업이 아닌 IT 기업이다. 또한 캘리포니아 DMV는 2020년 2월 기업들의 자율주행 기술을 조사한 자율주행자동차 분리 보고서를 발표했다. 여기서 '분리'란 자율주행 중 운전자의 개입이 필요한 상황을 의미한다. 이 보고서는 캘리포니아에서 테스트 중인 자율주행자동차의 자율주행거리와 운전자 개입 수를 조사하여 기술력 수준을 제시하고 있다.

• 자율주행자동차 분리보고서(2019년 기준) 단위: 분리 당 마일수

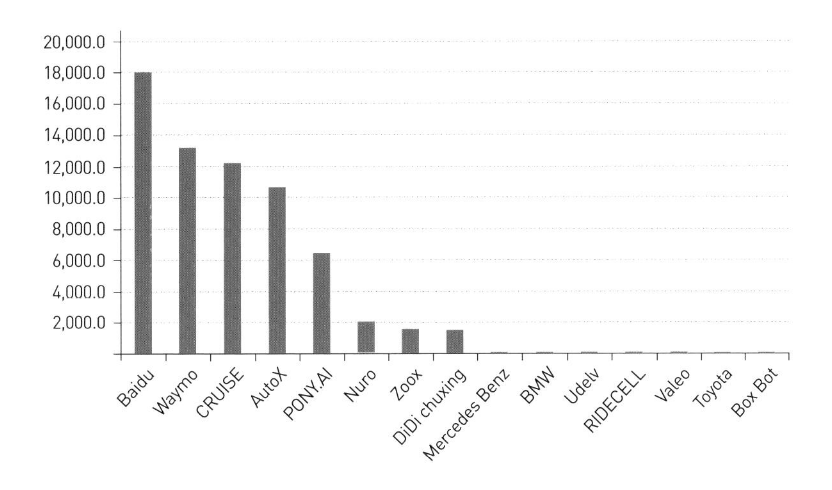


상위 순위의 자율주행 기업을 보면, 먼저 IT 기업인 바이두가 자율주행 거리 1만 8,050마일에 한 번의 운전자 개입이 있었고, 구글의 자회사 웨이모가 1만 3,219마일당 한 번의 운전자 개입이 있었다. 다음으로 GM의 자회사인 크루즈, 오토엑스, 포니닷에이아이, 누로, 죽스, 디디추싱 순이었다. 상위권 모두가 IT 기업이다. 반면 벤츠, BMW, 토요타 등 완성차 업체는 상당히 뒤처진 기술 순위를 보여주고 있다. 자율주행자동차 기술에 있어 IT 기업의 위상이 어떤지 알 수 있는 대목이다.

전통적인 자동차 제조업체 중에서 자율주행자동차 개발에 가장 열정을 보이고 있는 기업은 GM이다. GM은 1953년 RCA 연구소와 함께 자율주행자동차 개발에 착수한 이후 다양한 프로젝트를 통해 자율주행자동차 개발 의지를 보여주었다. 그 결과 미국 컨설팅 업체 내비건트 리서치는 자율주행 분야 1위 기업에 GM을 올려놓기도 했다.

GM은 자율주행 기술 개발에 구글과 협력하는 대신 이례적으로 리프트에 5억 달러을 투자했는데, 이것은 자율주행자동차와 관련하여 미래 공유자동차 시장의 가치가 높다고 판단했기 때문이다. 이를 증명하듯 GM은 2018년 1월 20일 디트로이트 북미 국제 자동차쇼 행사에서 향후 자율주행자동차와 무인택시 서비스를 추진하겠다고 발표하기도 했다. 이때 GM은 2019년 완전자율주행자동차4단계를 양산하겠다고 발표했으나, 아쉽게도 아직까지는 목표에 도달하지 못한 상태다. 현재 GM은 샌프란시스코, 애리조나 피닉스 공공 도로에서 주행 실험을 하고 있고, 핸들이 없는 자율주행 테스트를 2019년 도로교통안전국에 요청하기도 했다.

## 07 주행 데이터와 딥러닝으로 진화하는 테슬라

2020년 9월 22일 '테슬라 배터리데이' 행사에서 머스크는 곧 완전자율주행자동차를 선보일 것이며, 이를 위해 기존의 자율주행 알고리즘을 새롭게 수정했다고 발표하였다. 실제 이 약속이 지켜질지는 확실치 않지만, 테슬라는 현존하는 가장 뛰어난 자율주행 기능을 선보이고 있다.

2014년 테슬라는 자율주행시스템 오토파일럿을 출시했다. 테슬라 자동차의 운영체제를 버전7.0으로 업그레이드하면 오토파일럿 기능을 이용할 수 있다. 테슬라의 오토파일럿이 놀라운 이유는 소프트웨어의 업그레이드만으로 기존 모델과는 성격과 가치가 다른 별개의 자동차가 되기 때문이다. 당시 오토파일럿 기능에는 반자동 주행 및 주차기능이 포함되어 있었다. 이듬해에 테슬라는 무선 소프트웨어 업데이트를 통해 교통인지 크루즈 제어 기능, 고속도로 자동 조향 기능, 오토 파크 기능을 제공했다. 그러나 2016년 테슬라는 기존 하드웨어가 완전자율주행에는 적절치 않다는 걸 깨달았다. 그래서 그들은 '하드웨어 버전2HW2'라는 새로운 하드웨어로 교체했다. 여기에 설치된 소프트웨어가 오토파일럿2.0이다. HW2와 오토파일럿2.0은 완전자율주행 기능에 필요한 모든 센서 및 컴퓨팅 하드웨어를 포함하고 있는데, 애플의 맥북 프로 150대와 맞먹는 컴퓨팅 능력을 갖고 있다.

2018~2019년 사이에는 고속도로 내에서 시·종점 간 자율주행을 가능하게 하는 오토파일럿 내비게이션 고속도로 기능에 비약적인 개선이 있었으며, 2019년 9월에는 주차장에서 차주의 위치까지 스스로 오게 하는 스마트 호출 기능이 처음으로 일반인들에게 공개되었다. 2020년 6월에는 모든 교차로, 건널목에서 정지 신호를 인식해 멈추고, 다시 녹색 신호를 인식해 자동으로 통과하는 신호등 및 정지 표지판 인식/제어 기능을 출시하였다. 자율주행자동차가 스스로 주차장의 빈자리를 찾아 주차하는 스마트 오토파크 기능도 조만간 출시될 예정이다.

테슬라 자동차는 자율주행을 위해 1개의 전방 레이더, 8개의 카메라, 12개의 초음파 센서, Tesla FSD 칩을 사용하고 있다. 다른 자율주행시스템의 경우 라이다와 고정밀지도를 사용하고 있으나 테슬라는 이들을 사용하지 않는다. 복수의 센서로도 지형을 파악하는 데 충분하다고 생각하기 때문이다. 라이다가 대량생산을 통해 아무리 가격을 낮추어도 다중 카메라를 사용하는 것이 비용 면에서 훨씬 저렴하다. 게다가 초당 10회 이상 회전하기 때문에 물리적인 고장 가능성이 카메라에 비해 높고, 도로 상황의 변화를 실시간으로 반영하지 못할 경우가 많다. 따라서 테슬라는 주행당시의 지형과 상황을 자동차 스스로 재빠르게 파악하는 것이 보다 안전하다고 믿고 있다.

• 테슬라의 자율주행시스템

테슬라는 출시된 자동차 중 가장 뛰어난 자율주행 기술을 가지고 있고, 조만간 완전자율주행자동차 출시가 예상된다. 그것이 실현될 것이란 믿음은 바로 수십만 대의 자동차로부터 수집되는 주행 데이터와 딥러닝에 기반한다. 오늘날 가장 앞선 자율주행 기술을 가지고 있는 것으로 알려진 구글의 웨이모가 2020년 기준 600여 대의 자동차를 통해 3,200만 km의 실제 도로 주행 데이터를 축적하였다. 그런데 약 80만 대의 테슬라 자동차를 이용해서 실제 도로 주행 데이터를 수집하는 테슬라는 100배 이상인 48억 km의 데이터를 확보한 상태다. 테슬라의 자동차 판매량은 계속 늘어날 것이므로 2021년에는 64억 km의 도로 데이터를 수집할 것으로 예측되고 있다.

# 08 자율주행자동차 시장의 미래

전통적인 완성차 업체들은 IT 기업들과 파트너십을 통해 자율주행자동차 시장에 진입하려 하고 있다. 자율주행 AI의 최강자인 구글은 GM, 포드, 혼다, 토요타, 현대기아차와 협력하고 있는데, 자율주행을 위한 AI 기술은 구글에서 개발하되, 하드웨어는 기존 자동차 제조업체에서 담당하는 것이 효율적이라 생각하기 때문이다. 아직 정확한 내용은 알려져 있지 않지만 애플은 이미 최고의 자율주행기술 전문가를 확보했고, 렉서스를 사용해 초기 테스트를 진행하고 있다. 따라서 언제가 애플에서 독자적인 하드웨어를 만들지도 모른다.

완성차 업체들과 IT 기업들은 공유자동차 회사들과도 파트너십을 맺고 있다. 완성차 업체들은 사람들이 이용의 편리성에 큰 차이가 없으면서도 경제적인 공유자율주행자동차를 선택할 것이라고 판단하기 때문이다. 즉, 우버, 리프트, 그랩, 디디추싱과 같은 공유자동차 회사에 자신들의 자율주행자동차를 팔거나 혹은 공유자동차 산업에 직접 뛰어들기 위한 포석으로 보인다.

가령 토요타는 우버와 파트너십을 맺고 있는데, 우버 기사들은 자신들의 차량을 토요타를 통해 좀 더 값싼 가격으로 바꿀 수 있다. 또한 두 기업은 자율주행자동차 개발에도 협력하고 있다. GM은 자율주행 인공지능을 개발하는 과정에서 리프트와 파트너십을 맺었다. 리프트는 투자를 얻고 GM은 자율주행자동차의 시장을 가져간 것이다. 동일하게 폭스바겐은 독일 라이드셰어링 기업인 게트와 협력하고 있다.

이렇게 완성차 업체와 IT 기업, 공유자동차 기업은 서로의 이해관계에 따라 투자, 제휴, 합병 등 복잡한 관계를 맺고 있다.

• 자율주행자동차 관련 투자 및 제휴 관계도

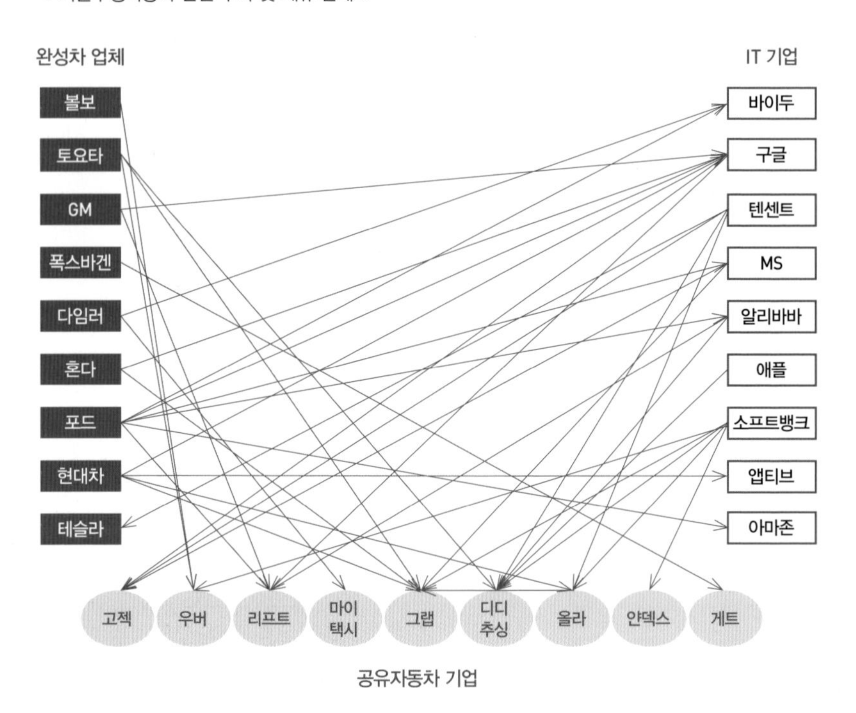

구글은 2015년 10월 중간 단계를 건너뛰고 곧바로 완전자율주행자동차를 개발하겠다고 선언했다. 2012년 구글은 자율주행 렉서스 차량을 직원의 출퇴근용으로 사용하도록 했다. 물론 개발 초기 단계였으므로 구글은 직원들에게 충분히 주의를 기울여야 한다고 강조했다. 그러나 카메라 분석 결과, 직원들은 운전석에서 벗어나 뒷좌석의 휴대폰과 충전기를 찾거나, 운전을 완전히 내팽개치는 등 위험한 행동을 보였다.

또한 GM과 미 연방 고속도로관리국은 자율주행자동차에서 사람들의 주의력을 테스트하기 위해 12명의 운전자를 모집하고, 실험 트랙에서 테스트를 실시했다. 모니터링 결과, 사람들은 얼마 지나지 않아 긴장을 풀기 시작했고 운전 이외의 행동, 즉 DVD 시청, 음식 섭취, 독서, 휴대전화 통화, 문자 보내기, 이메일 확인 등을 하기 시작했다. 이런 행동들은 사고 위험을 일반 자동차보다 3.4배나 높일 수 있다.

구글과 GM은 실험에서조차 위험한 행동을 하는 사람들이 갑자기 승객에서 운전자로 바뀌기란 어렵다고 판단하여 3단계 기술 개발을 중단하고 곧바로 5단계로 가기로 결정했다. 그러나 자율주행 5단계를 실현하는 것은 쉽지 않은 일이다.

많은 기업들이 2019년까지 완전자율주행자동차를 내놓을 것이라 했지만 현재 판매되고 있는 대부분의 자동차는 2단계 수준에 머물고 있다. 가령 닛산은 2016년에 10개 모델의 5단계 자율주행자동차를 도로에 내놓겠다고 선언했지만, 결국 그 계획을 2020년 이후로 미뤄야만 했다. GM이나 포드 역시 자신들의 계획을 연기했다.

보스턴 컨설팅 그룹은 최초의 완전자율주행자동차가 판매되는 시기는 2025년이 될 것이며, 2035년이면 새롭게 출시되는 차량의 약 10%에 이를 것으로 예측하고 있다. 자동차 시장 조사 기관인 IHS 마킷의 2015년 보고서에서도 마찬가지로 자율주행자동차의 최초 판매를 2025년으로 보고 있으며, 2035년에는 10%에 이를 것으로 전망하고 있다. 이들은 2050년 이후에는 거의 모든 자동차가 자율주행자동차가 될 것이라고 전망했다.

반면 EPoSSEuropean Technology Platform on Smart System Integration와 ERTRACEuropean Road Transport Research Advisory Council는 완전자율주행자동차의 출시를 조금 늦은 2030년으로 예측하고 있다.

캐나다 빅토리아 교통정책연구소의 리트먼Tod Litman은 자율주행자동차의 시장 전망을 매우 구체적으로 제시하고 있다. 그는 자율주행자동차의 상용화 시점을 2020년으로 보고 있으며, 사람들이 보유하고 있는 기존 자동차를 대체하는 과정을 통해 2050년에는 자동차 신차 판매의 80~100%를 점유하고, 2070년에는 모든 자동차가 자율주행자동차가 될 것이라고 예측했다.

립슨Hod Lipson도 일반 차량의 사용 기간을 보통 10~15년이라 생각하고, 2050년 신차 판매가 80~100%라 할 때, 2070년에는 도로상의 모든 차량이 자율주행자동차일 것이라고 하였다.

• 자율주행자동차 확산 시나리오

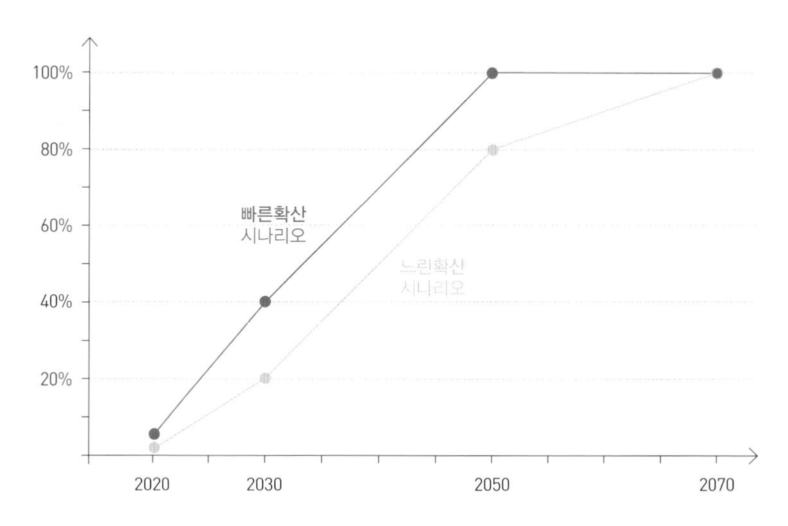


• 자율주행자동차 시장 전망

| | 2020년 | 2025년 | 2030년 | 2035년 | 2050년 | 2070년 |
|---|---|---|---|---|---|---|
| 토드 리트먼 | 판매시작 → | | | | 80% → | 100% |
| 보스턴 컨설팅 | · | 판매시작 → | | 10% | | |
| IHS A.R | · | 판매시작 → | | 10% | 100% | |
| EPoSS | · | · | 판매시작 → | | | |
| ERTRAC | · | · | 판매시작 → | | | |
| 호드 립슨 | · | · | · | · | 80% → | 100% |

# 03 도시 대변혁

*전기+공유+자율주행자동차가*
*가져올 혁신적 변화,*
*특히 도시 교통, 도시 공간, 도시 생활의 변화는*
*도시 대변혁의 시작이며,*
*인류의 삶을 더욱 풍요롭게 할 것이다.*

chapter. 01

# 도시의 한계와 대변혁의 시작

## 01 도시의 성장을 견인한 자동차

고대나 중세시대는 사람이나 물자의 이동이 대부분 보행을 통해 이루어졌다. 따라서 도시에서도 보행 가능 거리를 기준으로 마을이나 지역의 경계가 나타났다. 그러다가 말을 이용하게 되고, 산업혁명을 통해 철도와 자동차 등 빠르고 강력한 교통수단이 등장했다. 교통수단의 발달은 사람들의 활동 영역을 자동차가 이동할 수 있는 거리만큼 늘리면서 도시를 성장시켰다. 사람들은 도시로 모여들었고, 2050년 무렵에는 전 세계 도시 인구가 지금의 33억 명에서 64억 명으로 두 배 가까이 증가할 것으로 예상하고 있다.

도로와 대중교통에 대한 투자는 대도시의 경계를 확대하는 데도 도움을 주었다. 전차, 지하철, 자동차 등 새로운 교통수단이 등장할 때마다 노동자의 통근 지역은 확대되었고, 도시는 외부로 팽창할 수 있는 힘을 갖게 되었다. 대중교통 역세권은 도시 발달의 거점이 되었다. 역세권은 인근 주민에게 강력한 이동수단을 제공하며, 대규모 상업시설이나 업무시설 유치에도 유리한 공간이 되었다. 대도시 중심으로 접근할 때 자동차의 높은 비용과 불편함은 역세권의 입지를 더욱 공고하게 했다. 특히 자동차는 이동의 자유도를 높여 도시를 더욱 풍요롭게 발전시켰다. 도시 내 자유로운 이동이 가능해지면서 도시계획은 더욱 자유로워졌고, 최적화된 토지이용이 가능해졌다.

도시는 사회 제도의 중심부로서 정치, 행정, 종교 등 중심지 기능을 담당한다. 농업과 공업 생산물을 거래하는 중심지 역할을 수행하며, 상업 활동과 교통의 중심지이기도 하다. 혁신의 강력한 엔진으로서 도시는 전문지식, 첨단기술, 그리고 창조성이 요구되는 고임금 일자리가 집중되어 있는 경제적·사회적 진보의 공간이기도 하다. 도서관, 박물관, 고급 레스토랑과 카페, 미술관과 공원 등은 도시가 제공하는 대표적인 문화 시설들이다. 이들 공간들이 서로 유기적으로 연결되면서 도시는 하나의 거대한 생태계를 이루며, 도시의 성장과 쇠퇴는 바로 이들 공간이 얼마나 활성화하고 활기차게 변하는 지에 달려 있다.

이러한 관점에서 지금까지 도시공간을 연결하는 데 가장 큰 기여를 한 것은 바로 자동차였다.

## 02 심각한 도시문제를 유발하는 자동차

자동차는 도시화의 동력이 되었고 도시가 커질수록 출퇴근과 기업 활동의 중심 역할을 수행해 왔다. 그러나 동시에 자동차는 도시문제의 가장 큰 원인기도 하다. 도로를 점거한 끝없는 자동차 행렬과 크고 작은 교통사고, 목을 조이는 듯한 매연과 분진은 도시의 상징이 되었으며, 교통혼잡, 교통사고, 대기오염, 온실가스 등으로 엄청난 사회적 비용을 지불하고 있다. 미국 랜드연구소는 대기오염, 기후변화, 교통혼잡, 교통사고 등을 자동차 통행이 유발하는 중요한 사회적 문제로 꼽고 있으며, 주행거리 1마일당 약 13센트의 사회적 비용이 발생한다고 했다.

차량으로 가득한 도시에서 자동차를 운전하는 것은 결코 쉽지 않다. 주변을 끊임없이 살펴야 하고, 잠시만 방심해도 사고로 이어진다. 오늘날 전 세계에서 매년 120만 명의 사람들이 운전자 과실 교통사고로 목숨을 잃고 있다. 이것은 히로시마에 투하되었던 원자폭탄이 해마다 10개씩 투하되는 것과 같으며, 매년 대량학살, 자살, 전쟁 등으로 목숨을 잃는 160만 명에 근접하는 수치다. 교통사고는 결코 간과해서는 안 될 시급한 사회문제인 것이다. 우리나라도 2018년 기준 21만 7,000건의 교통사고가 발생했고, 이 중 사망자는 3,781명에 이른다. 교통사고로 인한 사회적 비용 역시 한해 25조 원 이상에 달한다.

도시에서 운전자가 매번 경험하는 골칫거리는 교통혼잡이다. 출퇴근 시간대의 교통혼잡은 일상이며, 교통사고로 인한 차량정체도 익숙한 일이 되었다. 서울과 같이 교통혼잡이 상시적인 곳에서는 목적지까지의 도착시간을 제대로 예측할 수 없다. 언제 어디서 정체가 발생할지 알 수 없으며, 설사 안다고 해도 정체 도로에서는 정확한 주행시간을 예측할 수 없기 때문이다. 교통혼잡으로 인한 운전자들의 스트레스를 빼고 계산하더라도, 이로 인한 사회적 비용은 국민총생산의 약 2%인 연간 59조 원을 넘는다. 교통혼잡으로 인해 도시인은 출퇴근으로 너무 많은 시간을 운전에 할애하고 있다. 미국인의 하루 평균 출퇴근 시간은 편도 30분, 왕복 1시간이며, 한국에서도 하루 평균 96.4분을 출퇴근에 사용하고 있다.

또한 운전자들은 도로변 주차공간을 발견하기까지 약 3.5~14분 정도의 시간을 허비하며, 4.5km를 배회하는 데 사용한다. IBM이 조사한 바에 따르면 도심지 운전자의 30%는 단지 주차공간을 찾기 위해 운전한다고 한다. 미국 로스앤젤레스 상업 지역의 15개 블록 내에서 주차공간을 찾느라 낭비하는 휘발유만 연간 18만 리터에 이른다. 이런 상황에서 만약 교통혼잡이 사라진다면 엄청난 사회적 비용을 줄일 수 있을 것이다.

대기오염과 온실가스 문제는 도시에서 더욱 심각하다. 대도시 대기오염의 80%는 자동차로 인해 발생한다. 미세먼지도 상황은 비슷하다. 서울시 미세먼지의 60.8%와 경기도 미세먼지의 43.1%는 자동차가 그 원인이라고 한다. 온실가스 역시 자동차가 전 세계 배출량의 10%를 차지하고 있으며, 서울시의 경우, 자동차가 온실가스 배출량의 20%를 차지하고 있다.

이외에도 사실상 통행목적 외에는 낮은 자동차 이용률과 과잉 공급된 차량, 도시 내 과도한 주차장 용지로 인한 토지의 비효율적 사용, 도로 및 대중교통 건설로 인한 과도한 SOC 투자도 자동차가 가져온 또 다른 도시 문제라고 할 수 있다.

대중교통은 도심의 집중화를 유도하는 동시에 외부로 도시 외연을 넓히는 촉매 역할을 해왔다. 어쩌면 에너지, 환경, 공간 측면에서 버스나 지하철만큼 효율적인 이동수단은 없으며, 최종적인 해결책일 수 있다. 따라서 대중교통에 투자하고, 자동차 의존도를 줄이는 것은 도심과 교외 지역에 있어 고밀 개발의 핵심 메커니즘이라고 할 수 있다.

즉, 도시 기반시설에 전략적으로 투자해 도시의 밀도와 집적도를 높임으로써 경제 성장의 동력을 만드는 것, 사람과 경제 활동을 집적시키는 대중교통의 비중을 늘리는 것이 '대중교통 중심 도시 개발'의 원칙이자 비전이다. 이는 도시가 성장·발전하면서 자동차와 도로가 더 이상 효과적인 이동수단이 될 수 없다는 사실을 깨달았기 때문이다. 도시 인구가 500~600만 명을 넘으면 자동차는 더 이상 이동수단으로서의 역할을 하기 어렵다고 한다.

그렇다면 대중교통은 자동차를 대체하는 완벽한 해결책이 될 수 있을까? 역세권을 중심으로 형성된 높은 토지가격은 저소득층을 교외 지역으로 내몰고 있다. 하지만 도시 외곽에서 대중교통을 타고 도심으로 출근하는 것은 힘겨운 일이다. 긴 이동시간 이외에도 무더운 여름 햇살과 한 겨운 추위를 정류장에서 참아야 하고, 혼잡한 차내에서 서서 가는 불편을 감수해야 한다. 인생의 중요한 시간을 도로에 버리고 있는 셈이다. 게다가 코로나19 사태를 겪으면서 대중교통은 더욱 기피 대상이 되었다. 실제로 자동차 위주의 로스앤젤레스보다 대중교통 위주의 뉴욕에서 훨씬 더 많은 코로나19 확진자가 발생했다.

이와 같이 도시문제 해결에 있어 대중교통의 한계는 명확하다. 따라서 사람들에게 대중교통을 이용하라고 마냥 등을 떠미는 것보다, 자동차를 타고 도심에 진입하기 쉽도록 만드는 것이 더 근본적인 해결방안이 될 것이다.

## 03 도시문제를 해결할 전기+공유+자율주행

자동차로 인해 나타난 도시문제, 다시 말해 교통사고, 교통혼잡, 환경오염 문제는 사회적 차원에서 많은 논의가 이뤄지고 있다. 많은 국가에서 대중교통을 확대하고 자가용 이용을 억제해 오고 있으며, 자전거와 퍼스널 모빌리티 등 친환경 교통수단을 연결해 도시문제를 해결하려 노력 중이다. 그러나 자동차를 소유하고자 하는 인간의 욕망과 도시의 지향점이 충돌하면서 실제적인 효과는 미흡한 실정이다.

다행히 환경오염, 교통사고, 교통혼잡은 그 원인이 명확히 밝혀져 있다. 환경오염 문제는 자동차의 화석연료 사용, 교통사고는 인간의 직접 운전, 교통혼잡은 도로 수용 능력을 넘는 과도한 자동차가 원인이다. 그렇다면 결국 전기, 공유, 자율주행과 자동차의 결합이야말로 도시문제 해결의 열쇠일 것이다.

자율주행자동차는 교통으로 인한 도시문제를 혁신적으로 해결할 수 있는 방법이다. V2X를 통해 다른 차량이나 주변 상황에 매우 정밀하게 대응할 수 있기 때문에 교통사고를 사전에 막을 수 있다. 지율주행자동차에 V2X 기술을 접목하면 교통사고가 약 81% 감소할 것이라는 연구 결과도 있다. 게다가 공유자동차와 결합하면 전체 통행에 필요한 도로 위 차량을 크게 감소시킬 수 있다. 또한 자율주행시스템과 연결하기 위해서는 자동차 동력을 전기 배터리로 바꾸는 것이 효율적이기 때문에 대기오염도 자연스럽게 감소한다.

자율주행자동차는 대중교통과의 연결성을 강화하여 자동차 통행을 감소시킬 수 있다. 기존 자동차와 달리 자율주행자동차는 어디서든 타고 내릴 수 있는 자유도 높은 교통수단이다. 기존 자동차의 경우, 주차를 하고 다른 대중교통으로 갈아타기란 대단히 귀찮은 일이다. 그러나 자율주행자동차는 자기 차를 집으로 돌려보낼 수 있고, 공유자율주행자동차라면 역에서 그냥 내리면 그만이다. 따라서 환승에 소요되는 시간이나 보행거리를 줄일 수 있어 이용의 편리성이 향상되고, 통행시간을 최소화할 수 있다. 이렇듯 자율주행자동차는 대중교통의 연결성을 개선하여 편리성을 높이고, 이동시간을 크게 줄여준다.

나아가 자율주행자동차는 대중교통의 역할을 상당 부분 대체할 것이다. 공유자동차와 자율주행자동차가 결합된다면, 그리고 일상화된다면 지금과 같은 대용량의 대중교통이 과연 유효할까? 물론 대중교통의 연결성이 강화되고, 편리성이 획기적으로 개선되는 것은 중요하다. 하지만 현재보다 작은 규모의 공유자율주행자동차4인~6인승 규모는 낯선 사람들과 동일 공간에 있는 불편을 줄이고, 노선 선택의 자유도를 높일 수 있으며, 대용량의 대중교통보다 뛰어난 편리성을 제공할 수 있다. 소용량 공유자율주행자동차택시 혹은 미니버스는 특히 지방 중소도시와 농어촌 지역의 대중교통 서비스 여건을 개선하고, 어쩌면 대중교통을 완전히 대체할 수도 있다.

• 전기+공유+자율주행자동차 결합의 당위성

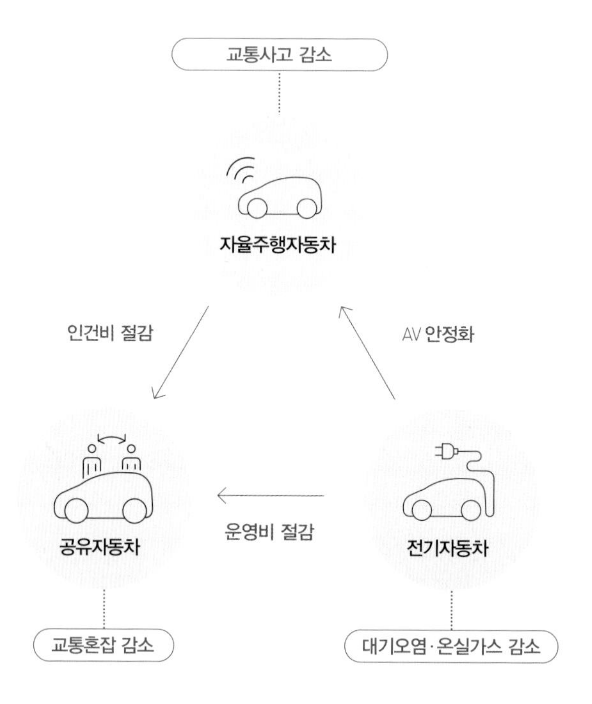


이렇듯 전기+공유+자율주행자동차는 여러 도시문제를 해결할 뿐만 아니라 상호 시너지 효과로 비즈니스 측면에서도 유리하기 때문에 빠르게 결합·확산되고 있다.

chapter. 02

# 전기+공유+자율주행, 도시 교통을 바꾸다

## 01 막대한 교통혼잡 비용

미국 텍사스A&M대학이 도시이동채점표를 통해 발표한 자료에 따르면, 2014년 미국 전체 통근자들이 교통혼잡으로 자동차 안에서 낭비한 시간은 연간 69억 시간에 이른다. 무려 95만 년의 시간이다. 또한 교통혼잡으로 낭비한 연료는 117억 리터에 달한다. 자동차 한 대에 70리터를 채울 수 있다고 할 때, 1억 7,000만 대 분량이다. 2020년에는 교통혼잡이 더욱 심각해져 83억 시간과 144억 리터의 기름이 낭비될 것이라고 한다.

영국 런던의 경제비즈니스 연구센터는 2013년 런던, 파리, 슈투트가르트, 로스앤젤레스를 대상으로 교통혼잡 때문에 낭비한 시간, 교통혼잡 비용 등을 조사하였다. 그 결과 통근자 1인당 낭비한 시간은 2013년 연간 55~82시간이었고, 정체를 피해 미리 출발해서 낭비한 시간은 115~170시간, 낭비된 연료는 차 1대당 99~147리터, 교통혼잡 비용은 가구당 3,655~5,730달러에 달했다.

• 미국의 교통혼잡 비용

| 연도 | 교통혼잡으로 낭비된 시간(단위: 시간) | | 교통혼잡으로 낭비된 연료(단위: 리터) | | 교통혼잡 비용 (단위: 달러) | |
|---|---|---|---|---|---|---|
| | 합계 | 1인당 | 합계 | 1인당 | 합계 | 1인당 |
| **1982년** | 18억 | 18 | 68억 | 15.1 | 420억 | 400 |
| **2000년** | 52억 | 37 | 83억 | 56.8 | 1,140억 | 810 |
| **2014년** | 69억 | 42 | 117억 | 71.9 | 1,600억 | 960 |
| **2020년** (추정) | 83억 | 47 | 144억 | 79.5 | 1,920억 | 1,100 |

• 세계 주요 도시의 교통혼잡 비용

| 기준 | 런던 | 파리 | 슈투트가르트 | 로스앤젤레스 |
|---|---|---|---|---|
| **시내주행 평균속도** | 33.8 | 38.6 | 38.6 | 33.8 |
| **교통혼잡으로 낭비된 시간** (1인당, 단위: 시간) | 82 | 55 | 60 | 64 |
| **미리 출발해 낭비한 시간** (1인당, 단위: 시간) | 170 | 115 | 126 | 134 |
| **교통혼잡으로 낭비된 연료** (차 1대당, 단위: 리터) | 147 | 99 | 108 | 116 |
| **교통혼잡 비용** (단위: 달러) | 4,325 | 3,655 | 4,107 | 5,730 |

2017년 우리나라의 교통혼잡 비용은 총 59조 6,000억 원으로 GDP의 3.4% 규모에 달한다. 같은 해 자동차 등록대수는 2,258만 대이니 자동차 한 대당 연간 260만 원의 사회적 비용이 발생하는 셈이다. 또한 이 혼잡 비용은 지방도시를 제외한 8대 특별·광역시만 따져봐도 26조 9,000억 원으로 대도시가 차지하는 비중이 44%에 이른다.

이러한 각종 교통혼잡 문제는 자율주행자동차로 한꺼번에 해결할 수 있다. 자율주행자동차는 교통신호, 전방 차량의 가감속, 정지 등 외부 신호에 실시간 반응이 가능하다. 다시 말해 인지판단에 필요한 시간이 '0'으로 출발 지연이 없다는 얘기다. 이렇게 되면 도로의 자동차 간격도 현재의 절반으로 줄이는 게 가능하다. 또한 고속도로에서는 군집주행을 통해 지금보다 훨씬 더 많은 교통량을 수용할 수 있다. 가다 서기를 반복하는 교통 상황을 피할 수 있어, 이유 없이 막히는 고속도로의 유령 정체도 사라질 것이다. 신호 교차로에서도 녹색시간 동안 더 많은 자동차를 통과시킬 수 있으며, 무신호나 비보호좌회전 등 더 많은 자동차를 통과시킬 수 있는 교차로 운영 방식이 쉽게 적용될 것이다.

미국 연방고속도로청에 따르면 교통혼잡의 25%는 교통사고가 원인이라고 한다. 자율주행자동차가 도입되면 인간의 부주의로 인한 교통사고가 사라지므로 돌발성 정체 역시 크게 감소할 것이다.

2012년 TRRTransportation Research Record에 게재된 한 연구에서는 도로 위 자동차가 모두 자율주행자동차로 바뀔 경우, 시간당 차로를 통과할 수 있는 자동차가 2,500대에서 4,000대로 증가한다고 했다. 또 다른 연구에서는 도로 위에 100% 자율주행자동차가 보급되어 군집주행을 한다면, 도로 용량이 500%까지 늘어날 것이라고도 했다. 전체 차량에서 자율주행자동차가 50%만 차지하더라도 도로 용량은 1.22배 증가하며, 100% 점유할 경우에는 1.8배 증가한다는 연구결과도 있다.

• 교통혼잡으로 몸살을 앓고 있는 도시

## 02 더 나은 도시를 만드는 공유자율주행자동차

자율주행자동차가 공유자동차와 결합할 경우 자동차를 소유하는 일은 소수의 취향으로 남을 가능성이 높다. 운전기사가 없는 공유자율주행자동차는 지금보다 이용 요금이 훨씬 저렴하고 승차 거부가 없으며, 운행 기피 지역도 없다. 반면 자동차를 보유하려면 집에 주차장이 있어야 하고, 목적지에서 주차장을 찾아야 하며, 비싼 주차비까지 내야 한다. 이용의 편리성과 경제성 측면에서 모두 공유자율주행자동차가 비교 우위에 있다. 따라서 자기 차량에 대한 특별한 애착이 없는 한 자동차를 소유하는 일은 크게 줄어들 것이다.

공유자율주행자동차는 도시에 필요한 자동차 수를 크게 감소시킬 것이다. 전체 자동차 수가 줄어들면 도시 내 여유 공간은 획기적으로 증가한다. 텍사스 오스틴대학의 페이그넌트Daniel J. Fagnont와 코켈맨Kara

Kockelman은 미국에서 90%의 차량이 자율주행을 할 경우 도로 면적을 두 배 늘리는 효과가 있다고 했다.

국제교통포럼의 마르티네스Luis Martinez는 수년간 유럽의 중소도시에서 수집한 실제 데이터를 바탕으로 이동 패턴을 시뮬레이션했다. 그 결과, 도시 거주민들이 승차 공유형 자율주행택시를 이용할 때 도시 내 도로를 주행하는 차량 수가 90%나 줄어드는 것으로 나타났다.

OECD의 ITFThe International Transport Forum는 인구 56만 5,000명의 포르투갈 리스본을 대상으로 공유자율주행자동차 운행이 교통에 미치는 영향을 분석했다. 그 결과, 리스본시의 등록 차량 20만 3,000대 중 10.4~12.8%의 승차 공유자율주행자동차만으로도 이전과 동일한 수준의 교통 서비스가 가능했다. 승차 공유가 아닌 카셰어링 형태의 공유자율주행자동차도 16.8~22.8%만으로 대체할 수 있었다. 이때 통행량은 106~190%까지 증가했는데, 이는 대중교통에서 넘어온 수요, 공유자율주행자동차의 재배치, 승객 픽업을 위한 이동 등이 원인이었다. 주차장은 기존 16만 개의 주차면 중 8만 9,000대에서 2만 7,000대 만으로도 충분했다. 이 연구는 중소도시에서 공유자율주행자동차는 기존 대중교통에 대한 의존도를 완전히 없앨 수 있으며, 효과적인 대안이 될 수 있음을 보여준다.

싱가포르에서 시행한 다른 연구에서는 싱가포르에서 운행 중인 차량의 1/3 정도만 자율주행자동차로 대체해도 기존의 모든 통행량을 대체할 수 있는 것으로 분석되었다. 또한 12만 명이 거주하는 미국의 소도시 앤아버를 대상으로 한 연구에 따르면, 전체의 15%만 공유자율주행자동차로 전환해도 도시 전체의 통행을 처리할 수 있다고 한다. 또한 이 연구에서는 기존 앤아버 거주자 1인의 자동차 소유 및 운영에 소요되는 비용이 마일당 1.6달러인데 비해, 공유자율주행자동차의 경우에는 마일당 0.41달러로 1/4 수준에 불과하다고 분석했다.

아울러 자율주행자동차는 최적의 교통신호 운영을 가능하게 한다. 자율주행차량은 앞서 언급했듯이 차량 대 차량 통신으로 완벽한 제어가 가능하고, 도로 네트워크의 소통상황을 실시간으로 정확하게 파악할 수 있다. 특히 차량 대 차량 간 연결을 통해 비보호 신호 운영이 가능하므로 지금의 4현시에서 2현시로 교통신호를 바꿀 수 있다. 이 말은 교차로에서의 대기 시간을 50% 줄일 수 있다는 뜻이다.

• 미래의 승차 공유형 자율주행택시

## 03 운전자 부주의로 인한 교통사고 제로

전 세계적으로 매년 120만 명이 교통사고로 목숨을 잃고 있다. 미국에서도 연간 3만 5,000명의 사람들이 자동차 사고로 사망하는데, 이 숫자는 매주 여객기 두 대가 추락할 때 발생하는 사망자 수와 같다. 또한 미국에서 일 년 동안 자동차 사고로 입원하는 사람들의 시간을 모두 합하면 100만 일2,740년에 이르며, 사회적 비용은 연간 5,000억 달러에 이른다고 한다. 이는 우리나라 한 해 국가예산보다 많은 액수다.

2018년 기준 우리나라의 교통사고 건수는 21만 7,000건이며, 사망자는 3,781명, 부상자는 32만 3,000명인데, 이는 전체 인적 재난의 약 82%에 해당한다. 교통사고로 인한 사회적 비용도 연간 약 28조 원에 이른다.

미국 도로교통안전국에 따르면 오늘날 교통사고 중 90%는 운전자의 부주의로 발생한다. 자율주행자동차는 이러한 운전자 부주의로 인한 교통사고를 없앨 것이다. 왜냐하면 자율주행자동차는 사고를 유발하는 고의적인 신호 위반이나 과속 등을 사전에 차단할 수 있기 때문이다. 주행 중 스마트폰으로 채팅을 하거나 영상을 보는 등 부주의한 운전 행태도 없으며, 갑작스레 뛰어드는 어린아이도 빠르게 감지할 수 있다.

리트먼, 매킨지 앤 컴퍼니, KPMG 모두 자율주행자동차의 도입으로 교통사고가 감소할 것으로 전망하였다. 우리나라의 국토연구원에서도 V2X 기술과 자율주행자동차로 인해 교통사고가 약 81% 감소할 것으로 예상했다. 자율주행자동차는 교통사고로 인한 교통혼잡도 줄여준다. 미국 도로교통안전국에 따르면 교통혼잡의 25%는 교통사고 때문에 발생하는데, 자율주행자동차는 교통사고를 감소시켜 이를 없앨 수 있다고 한다.

아예 「도로교통법」이 사라질 수도 있다. 자율주행자동차가 100% 보급되고 사람들이 더 이상 운전을 하지 않는 미래를 생각해보자. 자율주행자동차는 운전자가 일으키던 각종 불법 행위를 하지 않는다. 차주가 음주 후 차량에 탑승해도 더 이상 죄가 되지 않으며, 신호 위반이나 과속 단속이라는 용어는 사라질 것이다. 얄미운 끼어들기 차량도 사라지고, 통행방법이 어려운 교차로에서도 운전자 실수가 일어나지 않을 것이다. 무면허 운전으로 단속당하는 일도 없어지며, 난폭운전도 사라진다. 어린이보호구역이나 노인보호구역 등 특별한 교통안전 구간도 별도로 지정할 필요가 없다. 자율주행자동차는 법규를 준수하는 것은 물론, 어린이나 노인을 포함한 모든 보행자를 보호하면서 운전할 테니 말이다. 이렇게 운전자에게 요구되는 규범이 필요하지 않으니 「도로교통법」 역시 존재 이유가 사라지는 것이다.

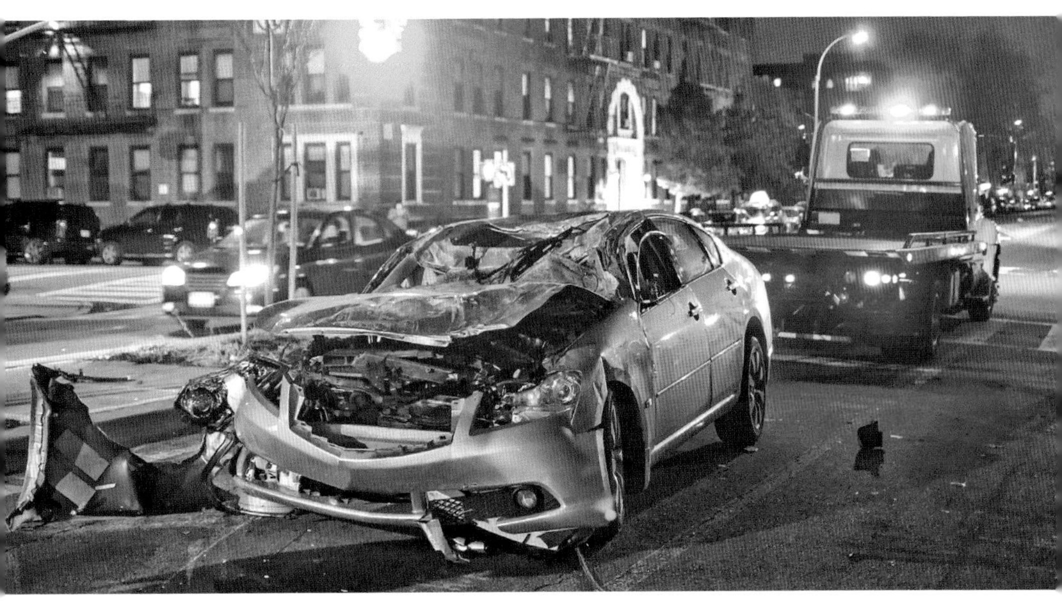

• 전 세계적으로 매년 120만 명의 목숨을 빼앗는 교통사고

물론 여러 연구 결과에서도 나타나듯 교통사고를 완전히 제거할 수는 없다는 게 중론이다. 소프트웨어AI나 자동차 하드웨어의 에러는 늘 예상되는 일이고 완벽한 기술은 없기 때문이다. 게다가 아무리 똑똑한 AI와 완벽한 하드웨어를 만들었다 해도 도로에서의 위험 상황은 그보다 더 복잡하기 마련이다. 두 가지 이상의 위험이 동시에 오는 경우, 가령 사람을 피하려니 자동차가 있고, 남을 살리자니 내가 다칠 수 있는 경우가 발생할 수 있는데, 이때는 어떤 판단을 해도 사고를 피할 수 없을 것이다. 자율주행자동차 인공지능의 윤리성이 논의되는 이유이기도 하다.

## 04 두 마리 토끼 잡는 전기자동차

자동차 사회가 가져온 대기오염은 또 다른 도시문제다. 에너지, 제조, 건설 등 산업화에 따른 영향도 크지만, 자동차가 내뿜는 오염물질 역시 절대적이다. 석유를 사용하는 공장이나 발전소 등 오염 시설은 대부분 도시 외곽으로 빠져나갔다 그러니 오늘날 도시의 대기오염은 거의 대부분 자동차 때문이라고 해도 과언이 아니다. 실제로 대도시의 경우 대기오염의 80% 이상이 자동차 배출가스에서 발생하는 것으로 보고되고 있다. 미국에서는 교통혼잡으로 차량이 공회전하면서 29억 갤런의 연료가 낭비된다고 한다. 이는 풋볼 경기장 4개를 가득 메울 만한 양이며, 모두 대기오염으로 이어진다. 자동차는 지구온난화의 주범이기도 하다. 미국 기상학회의 발표에 따르면, 2018년 지구의 온실가스 배출량이 최대치를 기록했다고 한다. 이산화탄소, 산화질소, 메탄 등의 온실가스 배출 중 특히 이산화탄소 집중도가 407.4ppm을 기록해 지구온난화에 미치는 영향이 1990년 대비 43%나 높아졌다.

• 전세계 교통 부문별 $CO_2$ 배출량 단위: 기가톤 $CO_2$

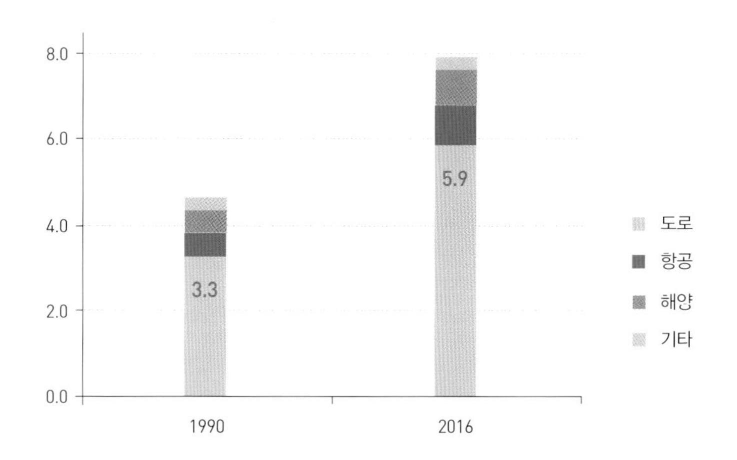


전 세계적으로 전체 온실가스 배출량 중 수송 부문이 차지하는 비율은 14%이며, 이 중 72%가 자동차에 의해 발생한다. 특히 미국은 자동차가 전체 온실가스의 29%를 차지하며, EU 권역 내에서는 20% 이상을 차지하고 있다. 2018년에는 전 세계 자동차의 탄소발자국이 48억 톤에 이르는 것으로 나타났다. 이는 2018년 전 세계 이산화탄소 배출량의 9% 수준이다.

자율주행자동차에 대한 우려 중 하나는 전체 통행량의 증가다. 어린이, 노인, 장애인 등 기존에는 이동에 제약이 있거나 포기했던 사람들이 자율주행자동차로 이동에 참여할 수 있기 때문이다. 이외에도 사람 없이 24시간 배송 서비스가 가능하므로 이 또한 통행량 증가의 원인이 된다. 게다가 편하고 저렴한 요금 때문에 대중교통 이용자 중 많은 사람들이 자율주행자동차를 이용하게 될 것이다. 승객을 내린 후 대기 스테이션으로 가거나 다른 승객이 있는 곳으로 이동하는 차량 운행도 통행량 증가의 원인이 될 것이다. 이와 같은 통행량 증가가 대기오염 증가로 이어질 수 있다는 우려도 높다.

그러나 자율주행자동차는 환경오염, 교통혼잡, 교통사고라는 자동차 문명의 문제점을 해결하고자 탄생했으며, 무엇보다 전기자동차로 만들어진다는 것에 주목해야 한다. 자율주행자동차에 자율주행 인공지능을 설치, 업데이트, 제어를 위해서는 전장화된 전기자동차가 필요하기 때문이다. 구글, 테슬라 등 주요 기업들이 자율주행자동차를 전기자동차로 개발하는 이유도 여기에 있다.

블룸버그 뉴에너지 파이낸스는 2040년에 전기자동차가 신차 판매 자동차의 50%에 이를 것으로 전망하고 있고, IEA 국제에너지 기구는 이보다 앞선 2030년에 50%를 달성할 것으로 낙관하고 있다. 반대로 우리나라는 2025년에 약 25만 대로 14.4% 수준의 보급 계획을 갖고 있다.

어떤 경우든 전기자동차가 향후 자동차 시장의 대세가 될 것이란 점은 분명해 보인다. 따라서 도시 내 대기오염 및 온실가스 문제는 다른 어떤 문제보다도 빠르게 해결될 것으로 보인다.

• 도시 대기오염과 온실가스의 원인이 되는 자동차의 배출가스

# 05 대중교통 접근성을 높이는 자율주행자동차

우리는 지속가능한 삶을 위해 자동차 이용을 최대한 억제하고, 대중교통을 장려하는 정책을 추진해 왔다. 도시마다 지하철이나 경전철 등 도시철도나 그와 비슷한 BRTBus Rapid Transit를 경쟁적으로 도입했고, 걷고 싶은 거리를 만들기 위해 노력했다. 그러나 교통혼잡은 사라지지 않았고, 사람들은 자동차를 포기하지 않았다. 왜일까? 대중교통보다 자동차가 훨씬 편리하고 접근성이 좋기 때문이다.

버스나 지하철뿐만 아니라 택시도 불편하기는 마찬가지다. 요금이 비싼데다 이마저도 출퇴근 시간이나 심야 시간에는 이용하기가 쉽지 않다. 택시 운전기사들이 기피하는 지역도 있고, 가까운 곳을 갈 때는 운전기사의 눈치를 보지 않을 수 없다. 또한 낯설고 외딴 지역에서 택시를 잡을 때는 바가지요금에 대한 불안이 있고, 택시 기사의 과속이나 신호위반 등 승객을 불편하게 하는 일들이 다반사다. 아무리 대중교통 중심의 도시를 목표로 한다 해도 대중교통의 불편함은 결국 자동차를 소유하고자 하는 욕망의 이유가 될 뿐이다.

그러나 이제 대중교통을 변화시킬 새로운 방법이 생겼다. 바로 자율주행자동차다. 자율주행자동차는 대중교통을 편리하게 이용할 수 있는 환경을 만들어준다. 자동차가 대중교통과의 연결성이 떨어지는 것은 그간 대중교통 활성화의 걸림돌로 작용했기 때문이다. 집에서 자가용을 타고 지하철을 이용한다고 가정해보자. 일단 지하철역 인근의 주차장에 차를 주차해 놓지 않으면 안 된다. 주차비도 들고 주차 과정도 필요하기 때문에 자연스러운 연계가 되지 못한다. 그러나 자율주행자동차는 다르다. 자동차를 타고 역 입구에 도착한 다음 차는 집으로 돌려보내면 되니까 말이다. 따라서 주차에 소요되는 시간이나 요금을 크게 줄일 수 있다. 특히 공유 서비스와 결합된 자율주행자동차의 자유도는 훨씬 높다. 어디서든 타고 내릴 자유가 생기며, 집으로 자기 승용차를 돌려보내지 않아도 된다. 이렇게 자율주행자동차는 역에서 집으로, 집에서 역으로 가는 과정의 퍼스트 마일First Mile과 라스트 마일Last Mile을 담당하면서 자동차와 대중교통, 거주지와 대중교통의 연결성을 크게 강화할 수 있다.

장거리 통행에서 승용차는 운전 피로감이 높고, 대중교통에 비해 높은 비용을 지불해야 한다. 자율주행자동차의 경우 신체적 피로와 비용이 획기적으로 줄어든다고 해도 100km가 넘는 장거리 여행을 모두 맡지는 않을 것이다. 그보다는 퍼스트 마일과 라스트 마일을 자율주행자동차가 담당하고 중간을 장거리 대중교통수단이 담당하는 게 합리적일 것이다. 자율주행자동차에서 대중교통으로, 다시 자율주행자동차로 연결이 자연스럽게 이루어지면서 최적의 MaaSMobility as a Service가 이루어질 수 있는 것이다. MaaS는 자동차와 대중교통 모두를 일원화하고 통합된 예약·결제를 실현하는 혁신적인 서비스이지만, 그간 교통수단 간 연결이 부자연스러워 큰 진전이 없었다. 하지만 자율주행자동차의 등장으로 교통수단 간 연결이 빠르고 정확해지면서 MaaS의 문제점도 해결할 수 있게 되었다. 하나의 여행에서 여러 교통수단을 복합적으로 이용해도 MaaS를 통해 통합 예약 및 결제까지 가능해지므로 대중교통의 편리성은 크게 향상될 것이다.

• MaaS를 완성시키는 자율주행자동차

지방의 중소도시는 일반적으로 지하철은 물론 경전철조차도 공급하기 어렵다. 막대한 건설 비용도 그렇지만 지역 규모가 크지 않아 전혀 효율적이지 않기 때문이다. 그래서 버스와 택시 정도로 대중교통 서비스가 매우 취약하다. 그러나 자율주행자동차가 공유자동차와 결합하면 소용량 대중교통 수단으로서 역할이 가능해진다. 뉴욕, 시카고, 서울과 같은 대도시에서 도시철도를 공유자율주행자동차가 완전히 대체하기엔 현실적으로 불가능하다. 그러나 지방 중소도시에서는 충분히 가능하다. 우버나 리프트와 같은 모빌리티 회사가 중소도시의 대중교통을 장악하게 될지도 모른다.

기존 노선버스에 공유자율주행자동차, 즉 자율주행택시가 충분히 공급된다면 웬만한 중소도시는 버스나 지하철 같은 대용량 대중교통의 부담을 덜 수 있다. 물론 이것이 가능하려면 자율주행택시가 사람들이 부담없이 이용할 만큼 매력적인 요금이어야 한다.

콜롬비아대학 지구과학연구소는 맨해튼, 앤아버, 플로리다의 작은 마을 주민들이 공유자율주행자동차를 사용할 때 교통비가 어떻게 달라지는지를 연구했다. 이 연구 결과에 따르면, 현재 맨해튼의 택시 요금은 1마일당 약 4달러인데, 공유자율주행택시는 약 50센트로 이용할 수 있다고 한다. 또 외곽 중소도시 앤아버 주민들은 1마일당 약 46센트로 공유자율주행택시를 이용할 수 있을 것이라고 한다. 즉, 공유자율주행택시는 기존보다 약 75%의 교통비를 줄일 수 있으며, 대중교통 서비스 수준이 낮은 지방 중소도시와 농어촌 지역에서 보편적인 교통수단이 될 가능성이 높다.

chapter. 03

# 공유자율주행자동차가 바꾸는 도시 공간

## 01 교통수단 발전에 따른 도시 변화

보행에서 마차, 증기기관차에서 자동차로 교통수단이 발전하면서 도시는 큰 변화를 겪어왔다. 특히 자동차의 높은 이동 자유도는 도시의 합리적인 토지이용을 가능하게 만들었다.

캘리포니아 산타바바라대학의 자넬D. G. Janelle은 "교통수단의 발달과 함께 도시공간은 상대적으로 축소되어 왔다"고 언급하면서, 이것을 '시공간 수렴화'라고 불렀다. 동일 시간에 이동할 수 있는 거리가 증가하면서 공간은 상대적으로 축소되었다는 의미다. 예를 들어 서울과 부산 사이의 거리는 변하지 않지만, 자동차와 고속도로는 서울-부산 간 1일 생활권을 만들었고, KTX는 반나절 생활권을 만들었다. 이때 서울과 부산 간의 공간은 상대적으로 축소된 것과 같다. 따라서 교통수단이 발달할 때 사람들은 동일한 출퇴근 시간 내에서 더 멀리 외곽으로 거주지를 옮길 수 있게 된다.

그러나 자동차로 인해 도시 내 이동이 활발해지고, 출퇴근으로 교통혼잡이 증가하면서, 자동차의 자유도는 오히려 감소하게 되었다. 도시에 집중된 사람과 산업시설을 과밀 상태에 빠지지 않도록 하려면 교통수단을 매개로 적당한 수준에서 분산시킬 필요가 있었다. 대도시에는 방사상 혹은 환상의 지하철망과 고속도로망이 설치되어 이를 따라 주택 지역을 비롯한 공업과 상업지역의 확대를 더욱 촉진시켰다. 중도시와 소도시의 경우에도 주요 도로망과 도시 외곽부를 향한 도로 신설에 따라 시가지가 확대되었다.

이러한 도시의 평면적 확대와 도시 내부의 정체로 자동차보다 오히려 지하철이 더 빠른 이동을 보장할 수 있게 되었다. 지하철이 도시의 강력한 교통수단으로 등장하면서 지하철 역세권이 주요 상업지역으로 부상했다. 역세권은 도시 주요 지역을 연결할 뿐만 아니라 정시성까지 뛰어난 교통수단을 제공하기 때문이다. 역세권에 거주하는 사람은 도시 내 권력을 장악한 사람처럼 여겨졌다. 당연하게 역세권의 부동산 가치는 높아졌고, 그 그룹에 편입하지 못한 사람들은 역세권 밖이나 도시 외곽으로 밀려날 수밖에 없었다. 그러나 자율주행자동차 시대에는 역세권에 의존할 필요가 없기 때문에 사람들은 자연환경이 좋은 도시 외곽을 더 매력적으로 느낄지도 모른다.

자율주행은 이동 및 교통혼잡을 효율적으로 처리한다. 이동시간에 대한 저항감이 낮아지면서 활동 공간은 더욱 확장되며, 토지가격이 낮고 자연환경이 좋은 곳으로 주거 선택의 폭을 넓힐 수 있다. 출퇴근 통행비용이 낮아지고 원거리 통행의 부담이 적어지면 답답한 도심에 굳이 있을 필요가 없기 때문이다. 실제로 직장인의 거주지 선택은 직장과의 거리보다 삶의 질과 생활환경에 더 많은 영향을 받는 것으로 알려져 있다. 게다가 자율주행이 가능해지면 교외 주거 지역의 매력이 증가한다는 연구 결과도 있다.

사람들이 살기 좋은 도시 외곽으로 이동하게 된다면 출퇴근이 쉬운 기존 도심 지역이나 대도시 주택 단지의 매력은 예전 같지 않을 것이다. 사람들이 역세권을 떠나서 멀리까지 이동이 가능해지므로 역세권에 대한 재산 가치도 지금과 달리 하락할 것이다. 부동산 정책이나 도시계획의 변화를 준비해야 하는 이유이다. 물론 사람들의 이동이 어떤 모습으로 나타날지는 정확히 알 수는 없다. 궁극적으로는 도시의 외연 확대로 나타나겠지만, 기존 도시가 확장될 것인지 아니면 외곽의 위성도시로 나타날 것인지는 각 도시 상황에 따라 다를 것이기 때문이다.

• 중심도시 주변의 위성도시 출현

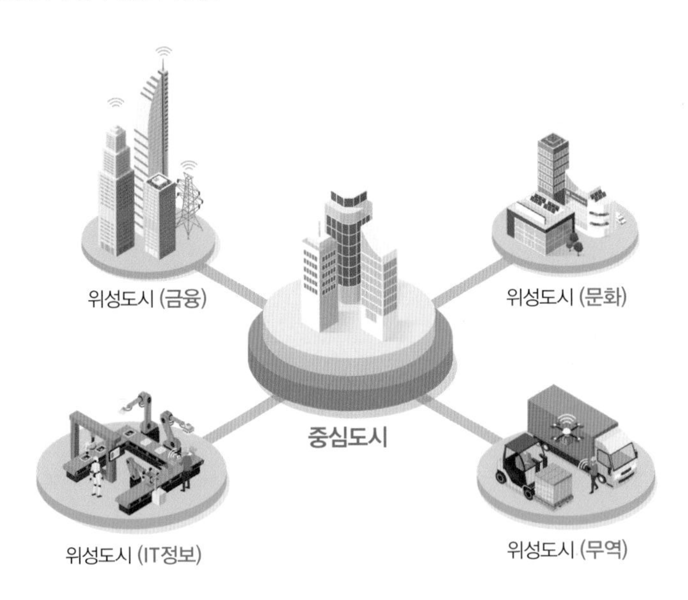

## 02 공간구조이론이 발하는 도시 공간

도시계획에서 주차장과 넓은 도로는 효율적인 개발을 방해해 왔다. 그러나 자율주행자동차가 일상이 된다면 좀 더 밀도 높은 토지이용이 가능해질 수 있다. 특히 공유자율주행자동차 이용자의 주차장 공간이 사라지면서, 주거지나 업무·상업 시설의 토지이용을 보다 유연하게 계획할 수 있다. 차로가 줄고, 공용 주차장도 줄 것이다. 그렇게 생겨난 토지는 또 다른 용도의 건물, 공원, 광장 등으로 대체 가능하다.

새롭게 건설되는 신도시는 보다 창의적인 개발을 실현할 수 있다. 부설주차장이 사라지면서 그 공간만큼 더 많은 시설이 들어갈 수 있고, 넓은 도로가 필요 없어 기존의 신도시보다 더욱 효율적인 개발이 가능할 것이다. 녹지 환경을 더 채우고자 한다면 이전보다 녹지율이 높은 신도시도 가능하다. 또한 토지이용도 자유로워질 확률이 높다. 주거지와 업무·상업 지역을 보행권 내에 둘 수 있고, 아예 분리시킬 수도 있다. 지금처럼 업무·상업 시설을 한 지역에 집중시키지 않고, 특성에 따라 도시 내에 분산시키는 것도 가능하다. 토지이용의 변화가 어떻게 나타날지 예단하긴 어렵지만, 캘리포니아 버클리대학 PATH 연구소의 쉴라도버Steve Schladover는 늦어도 2070년경에는 토지이용의 변화가 크게 일어날 것이라고 전망했다.

도시공간구조에 대한 이론을 이해한다면 자율주행자동차로 인한 도시공간의 변화를 어느 정도 예측해 볼 수 있을 것이다.

버제스Ernest Watson Burgess는 1925년 「도시의 성장」이라는 연구에서 도시의 공간구조를 동심원 지대로 설명하였다. 그의 동심원 지대 이론Concentric Zone Theory은 미국 시카고를 대상으로 주택, 업무, 경공업 등 토지이용의 패턴을 분석한 결과로서, 대도시의 성장은 반드시 도시의 외연적 확대를 수반하며, 그 확대 과정은 5개 지대Zone로 구성된 동심원상의 형태로 나타난다고 설명한다. 이 이론을 계기로 하여 선형 이론, 다핵심 이론 등의 새로운 도시공간구조 이론이 뒤따랐다.

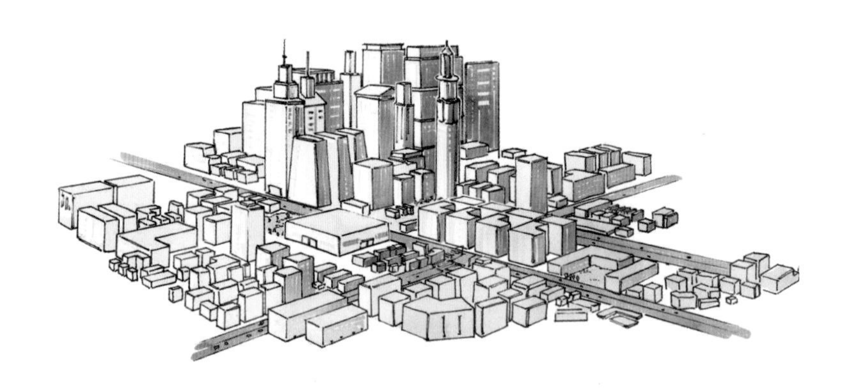

• 밀도 높은 토지이용을 가능케하는 자율주행자동차

• 동심원 지대 이론의 모식도

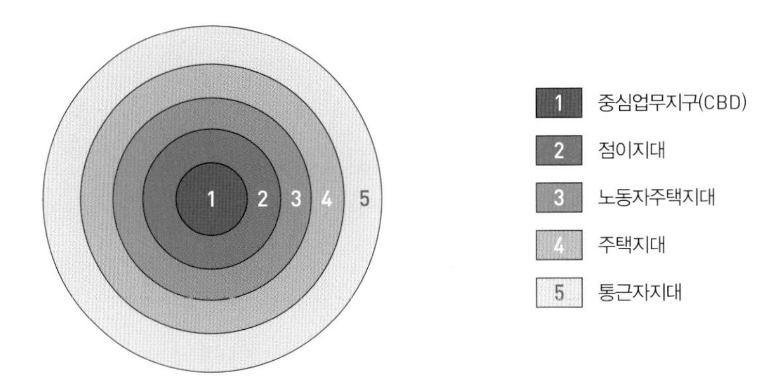


당시 시카고는 철도마차가 사라지고 노면전차로 대체되면서 통근 철도의 서비스 수준이 매우 높아졌다. 또한 도시 외곽의 전철화사업도 추진되어 위성 도시였던 레이크 포레스트, 엘진, 오로라, 졸리엣, 시카고하이츠 등이 시카고 통근권 내에 들어오게 되었다. 시카고 중심업무지구 서쪽으로는 대규모 전기 공업 지역이 형성되었고, 남쪽으로는 중공업 지역이 형성되어 있었다. 이러한 중공업의 급속한 성장은 시카고 강 연안의 주거환경을 악화시키거나 불량주택지를 만들었고, 도심의 노후화를 촉진시켰다.

동심원 지대 이론은 도시의 성장 또는 확대 과정을 동심원상의 다섯 지대로 설명한다. 제1지대인 중심업무지구, 즉 CBDCentral Business District는 도시 확대의 중심이 되는 공간이다. 백화점, 업무시설, 소매업소, 호텔, 은행, 극장, 대기업 본사 등이 집중되어 있다.

제2지대는 점이지대Zone In Transition라 부른다. 점이지대는 CBD를 둘러싸고 있으며, CBD에 입지해 있던 경공업의 이동과 함께 주거환경을 악화시키면서 형성되는 지대이다. 이 지대의 내측에는 공장 지대가 있고,

외측으로는 이민자, 외국인 노동자, 빈민가들이 거주하는 불량주택지대가 존재한다.

제3지대는 노동자주택지대Zone Of Workingmen's Homes이다. 이 지대는 점이지대 주민 중 생활수준이 높아진 계층이 이주하면서 생긴 곳이다. 이들은 직장에 출근하기 쉽다는 접근성 때문에 이 지대에 거주한다. CBD와 점이지대의 공업 지역에는 소규모의 공장이 밀집해 있고, 의복·섬유·인쇄·출판업종 등이 주를 이루고 있다. 따라서 공장 노동자를 비롯한 블루칼라들은 이 지대에 거주하는 것이 편리했던 것이다.

제4지대는 주택지대Residential Zone이다. 이 지대의 내측은 중산층주택지대, 외측은 고급주택지대가 놓인다. 당시 시카고의 이 지대 주민들은 고속도로를 이용하여 CBD까지 통근할 수 있었다. 이 지대 가운데 교통조건이 양호하여 접근성이 높은 곳은 업무부도심Business Subcenter이 형성되기도 한다.

제5지대는 통근자지대Commuter's Zone로 동심원의 마지막에 위치하고 있다. 도시 외곽부의 근교에 위치하여 CBD로부터 30~60분가량 소요되는 통근 범위 내에 있다. 위성도시로 볼 수 있으며, 주로 베드타운을 이룬다. 이곳의 주민들은 도시철도를 이용해 출퇴근하며, 낮에는 CBD의 직장에서 일하고, 밤에는 이곳으로 귀가한다. 우리나라의 경우, 서울에 대해 경기도 일산을 통근자지대로 볼 수 있다.

동심원 지대 이론에 따르면 도시는 각 지대의 내측이 외측의 지대로 침입하며 확대해 간다. 여기서 도시성장을 이끄는 주요 원인 중의 하나는 당연히 도시 내부의 교통, 즉 도시철도와 외곽으로 이어지는 전철 및 고속도로다. 도시철도는 내부 통행을 촉진하여 내부성장을 이끌고, 고속도로나 교외 전철은 도시를 외부로 확산시키는 역할을 한다.

• 선형 지대 이론의 모식도

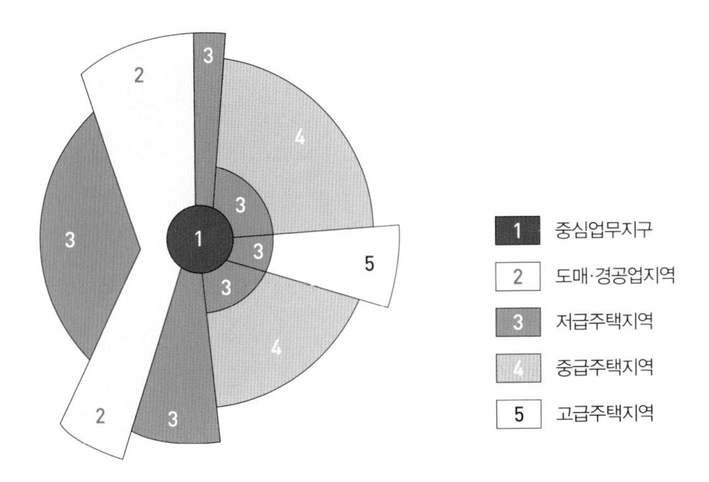


한편 호이트Homer Hoyt는 1936년 「미국 도시에 있어서 근린주택지구의 구조와 성장」과 「도시 지역의 구조와 성장」이란 논문에서 시간 경과에 따른 도시의 생태학적 변화를 찾아내고자 했다. 호이트는 1900년에서 1936년까지 미국 142개 도시 주택 자료를 통해 주거 지역의 공간구조가 부채꼴 모양의 선형 구조Sector Theory로 파악될 수 있다는 이론을 제기하였다.

그는 CBD로부터 방사상으로 뻗어나가는 간선 교통로를 따라 형성되는 부채꼴 모양의 지대 속에 저급, 중급, 고급 주택지가 배열되는 경향이 있다고 했다. CBD 근처에서 시작된 주거지가 점차 도시 주변을 향해 축을 형성하면서 연속적으로 이동한다는 것이다. 이때 저급주택지역은 CBD 인근에 그대로 존속하거나 도매·경공업 지역의 축을 따라 주거지를 형성한다.

반면 중급주택지역과 고급주택지역은 도매·경공업과 같은 공장지대를 피해 서로 인접한다. 동심원 지대 이론에서 주택지역은 도시 내부에서 외부로 뻗어나갈수록 고급화되는 반면, 선형 지대 이론에서는 공업지역, 간선도로, 도시철도 혹은 강변을 따라 섹터들이 나뉘고 그 섹터를 기반으로 주택지가 형성된다.

도시가 성장하면 도심의 소매업과 금융업이 확대되어 도심에 인접한 주택지역으로 침입해간다. 그로 인해 도심 가까이 살던 주민들은 더 멀리 떨어진 외곽으로 이동하게 된다. 즉, 토지가격이 높은 CBD가 확대되면 CBD 집약도가 낮은 주택을 밀어내고 그 자리에 업무시설이 들어서는 것이다. 도시의 성장에 따라 도시 주변부로 인구가 이동하면서 중심부는 상주인구가 감소한다. 그 결과 새로운 주택지역에 업무 부중심지가 형성된다. 서울에서는 분당이나 판교, 일산이 이런 역할을 하고 있다.

도시의 성장에서 저소득 계층은 CBD의 확대와 함께 밀려나지만, 공업지구를 벗어나지 못한다. 대신 이주비용을 감당할 수 있고 통행비용을 기꺼이 지불할 수 있는 중급주택과 고급주택 지대에 거주하는 사람들이 외곽으로 이동할 여력이 있다. 그렇다고 무질서하고 무작위적으로 이동하는 것이 아니라 고속도로, 지하철 노선을 따르는 경향이 있다, 이때 업무시설, 은행, 상점이 고급주택지역에 끌려 이동하면서 새로운 업무 부중심지로 떠오르기도 한다.

워싱턴 학파인 해리스Clauncy D. Harris와 울만Edward L. Ullman은 1945년 「도시의 본질」이라는 논문에서 도시 내부의 공간구조가 다수의 핵심지를 중심으로 형성된다는 이론을 제기하였다. 동심원 지대 이론 및 선형 지대 이론은 모두 단일의 중심지를 전제로 제기된 이론이다. 도시 규모가 크지 않을 경우에는 하나의 중심지만으로 도시 기능을 공급할 수 있지만, 도시가 거대해지면 하나의 중심지에 모든 도시 기능을 집중시키는 것이 물리적으로 불가능해진다. 도시가 성장해 거대 도시가 되면 교통혼잡이 발생하여 통행시간을 증가시키므로 다수의 중심지가 필요하기 때문이다. 다시 말해 도시의 토지이용이 여러 개의 핵심지를 중심으로 전개된다는 것이 다핵심 이론Multiple Nuclei Theory이라 할 수 있다.

이 이론에 따르면 도시의 토지이용 패턴은 하나의 핵으로 형성되는 것이 아니라, 여러 개의 불연속적인 핵 주변에 형성된다. 도시 내 형성되는 핵심지는 도시 규모가 크면 클수록 많아지며, 동시에 전문화된다. 그러므로 동일한 도시 내의 핵심지일지라도 그 기능과 성격은 달라진다. 일반적으로 도시 내 핵심지는 중심업무지구CBD, 도매·경공업지구, 중공업지구, 주택지구, 근교주택지구, 근교농업지구로 구분된다.

• 다핵심 이론의 모식도

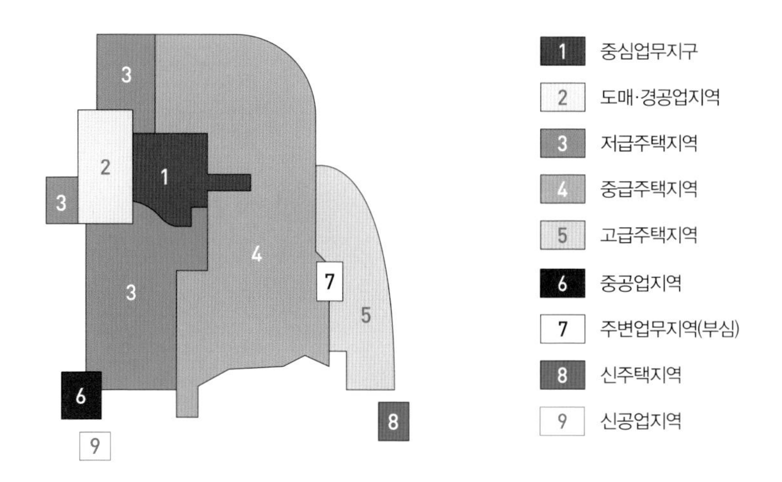

이와 같이 기존 공간구조이론을 보면, 교통과 도시구조 사이에는 긴밀한 공생적 관계가 존재함을 알 수 있다. 실제로 20세기 초 포드의 모델T가 대량생산되면서 많은 사람들이 교외로 이주하는 현상이 나타났다. 자동차는 도로건설을 통해 이전의 전차나 통근열차로는 도달하지 못했던 도시 외곽의 토지개발을 가능하게 만들었기 때문이다. 미국은 1926년 「연방지원고속도로법」을 통해 도시 중심에서 교외에 이르는 4만 1,000마일의 신규도로 건설에 410억 달러를 투자하는 거대한 토목사업을 추진하기도 했다.

• 네트워크 도시

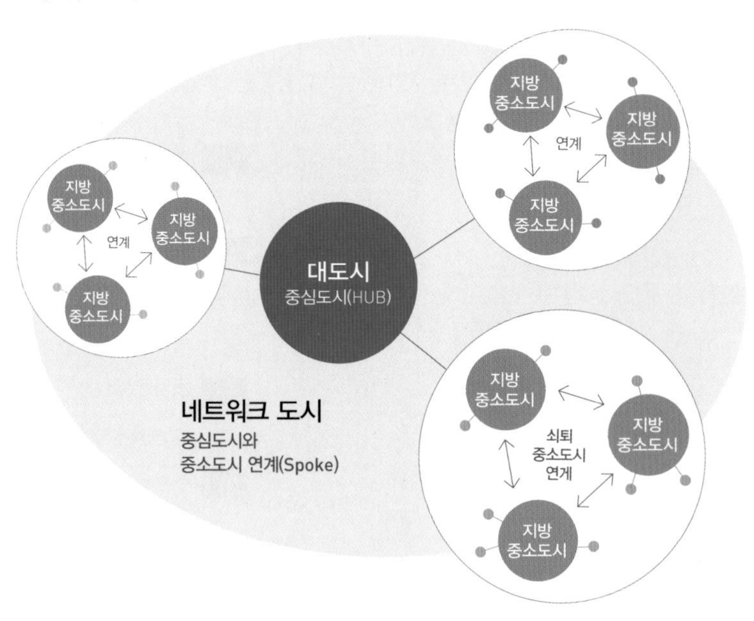

자율주행자동차는 21세기의 모델T가 될 것이며, 도시 내부와 외부의 토지이용을 촉진시키고 변화시킬 것이다. 도시 내부의 토지이용이 활발해지면서, 그 압력으로 고급주택지대는 더욱 도시 근교로 이동하고, 도시 출퇴근자를 위한 위성도시들이 생겨날 것이다. 도매업이나 경공업 지구가 도시 외곽으로 이전하면서 오히려 CBD의 접근성이 높아져 중심성은 더욱 강화된다. 이는 다시 에너지 효율성과 접근성의 악화를 초래하며 많은 사회적 비용을 유발한다. 때문에 중심지의 기능을 주변으로 이전시키는 전략이 필요하게 될지도 모른다.

따라서 모도시에 종속되지 않는 자족적 위성도시가 바람직하다. 판교나 분당은 초기에는 서울 강남권 출퇴근자의 베드타운에 불과했으나, 네이버 같은 IT 대기업 외에 대규모 업무시설이 입지하면서 자족적 도시 기능을 갖추게 되었다.

이와 같이 자율주행으로 인한 도시 확대는 원거리 통근자를 늘리는 단순한 공간구조 확대가 아닌 다핵심 이론의 핵심지처럼 도시의 중심지 기능을 분산시킬 가능성이 높다. 일종의 네트워크 도시로서, 중심지를 분산시켜 도시비용을 줄이고 메가도시의 역할이 가능하도록 만드는 것이다. 중심도시의 확대로 인해 발생한 위성도시는 더 이상 베드타운이 아니며, 독립적인 기능을 갖게 된다.

# 03 불필요한 주차장과 도로

영국 왕립자동차클럽재단의 조사에 따르면 세계 84개 도시에서 승용차의 운행 시간은 하루 평균 61분에 불과하다고 한다. 대부분의 자동차가 하루 중 95.8%의 시간을 주차장에서 보내는 것이다. 서울연구원의 조사 결과에서도, 서울 시민의 자동차 통행횟수출근·퇴근·여가 등 통행목적에 따른 이동 횟수가 주중에는 3.8회, 주말에는 1.7회에 그치며 나머지 시간은 주차장에 있다고 나타났다. 이때 주차비용만 매달 78만 원이라고 한다.

주차된 차량 1대는 일반형 주차면이 12.5m²2.5×5m, 확장형 주차면이 13.52m²2.6×5.2m의 면적을 차지한다. 주차공간에 들어서는 진입로까지 고려하면 차량 1대의 주차에 필요한 공간은 평균 40m²에 이른다. 건축물마다 차이는 있지만, 시설 전체 연면적에서 주차장은 적게는 12%, 많게는 47%를 차지하고 있다.

• 우리나라의 주차면 규격

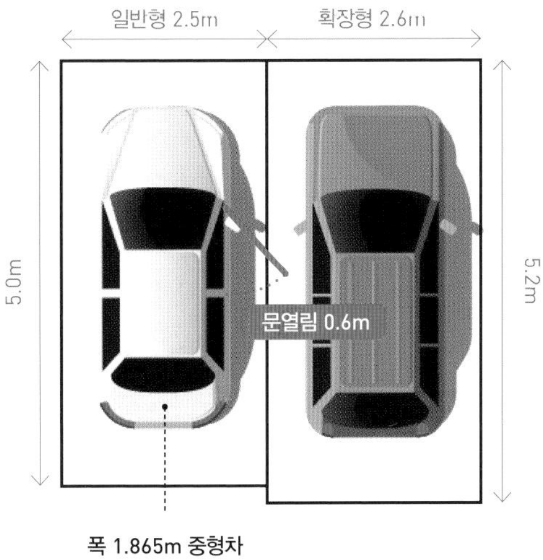


1부에서 이미 소개했던 "전국의 주차장 총 면적은 947.2km²로 서울시의 605.24km²보다 큰 면적이 자동차 주차장으로 사용되고 있다"든가 "서울시에 있는 모든 주차장 면적을 펼쳐 놓으면 서울시 전체 면적의 21.4%에 이른다"는 것이 결코 헛된 얘기가 아니다.

우리나라에서 도로가 차지하는 면적은 전 국토육지 부분의 11.5%에 이른다. 서울시만 해도 도로 면적은 86.02km²로 서울시 면적의 14.4%에 이른다. 이렇듯 우리나라에서 도로와 주차장이 차지하는 면적이 실로 엄청나다.

전 세계적으로는 도시 면적의 1/3을 도로와 주차장이 차지하고 있다. 미국 로스앤젤레스의 도심 지역은 10만 7,441대의 주차를 수용하는데, 그 공간을 평면으로 펼치면 도심 전체 면적의 81%에 해당한다. 미국 전체로 봐도 도로와 주차장이 차지하는 면적은 15~50% 수준으로 알려져 있다. 도로와 주차장이 차지하는 비율이 이렇게 높으니, 도시는 단절되고 밀도 높은 개발이 어려운 것이다.

많은 연구자들은 자율주행자동차가 개인 소유의 자동차를 줄이며, 그에 따라 주차장 역시 감소할 것이라고 예상한다. 이러한 예상은 자율주행자동차가 자연스럽게 공유자동차와 결합될 것이라는 기대 때문이다. 자율주행자동차와 공유자동차의 결합은 곧 사람들이 자기 자동차를 포기하고 공유서비스를 이용한다는 말이 된다.

국제교통포럼의 마르티네스Luis Martinez는 수년 동안의 실제 데이터를 바탕으로 이동 패턴을 시뮬레이션 하였는데, 모든 도시 사람들이 공유자율주행자동차를 이용할 경우, 도시 내 도로를 주행하는 차량의 90%가 감소할 것이라고 분석했다. 프리드리히와 하틀Friedrich and Hartl은 독일 슈투트가르트를 대상으로 한 연구에서, 모든 차량을 공유자율주행자동차로 대체하면 90~93%의 차량 감소 효과가 있을 것이라고 했다. 방게만Bangemann 역시 독일 뮌헨을 대상으로 한 연구에서, 전기+공유+자율주행자동차로 대체한 경우에 91%의 차량 감소가 있을 것이라고 했다. OECD ITF에서도 포르투갈의 리스본을 대상으로 비슷한 연구를 수행했는데, 여기서는 93% 내외의 주차장 감소와 87~90%의 차량 감소 효과가 있을 것으로 전망했다.

그러나 차량 감소 효과를 낮게 보는 연구들도 있다. 미국 뉴저지를 대상으로 한 연구에서는 공유자율주행자동차를 승하차 스테이션에서만 이용할 수 있도록 가정했더니 차량 감소 효과가 46%에 그치는 것으로 나타났다. 싱가포르를 대상으로 한 연구에서는 다른 조건 없이 모든 개인차량 통행을 공유자율주행자동차로 대체한다고 가정했음에도 차량 감소 효과는 66%에 그쳤다.

좀 더 합리적인 가정을 통해 공유자율주행자동차에 의한 차량 감소 효과를 보여준 연구도 있다. 번스Burns 등은 미국 앤아버를 대상으로 하루 70마일 이하의 자동차 통행만을 공유자율주행자동차로 대체한다고 가정했다. 다시 말해 도시 내 통행만을 대체한 것인데, 여기서는 85%의 차량 감소를 보였다.

모든 개인 자동차가 공유자동차와 결합된다면 좋겠지만, 현실은 그렇게 진행되지 않을 가능성이 높다. 비록 편리성과 비용에서 불리하다 해도 자동차 소유에 대한 인류의 욕망이 만만치 않기 때문이다. 다행히 과거와 달리 공유자동차에 대한 사회적 인식이 젊은이들을 중심으로 높아졌다. 게다가 자율주행자동차를 단순히 이동수단만이 아닌 스마트폰에서 확장된 모바일 단말기로써 진화시키려는 움직임도 있다. 이 말은 자동차의 가치가 지금처럼 브랜드, 가격, 성능이 아닌 자동차에 탑재된 자율주행, 엔터테인먼트 플랫폼과 그것이 주는 서비스에 의해 결정될지도 모른다는 얘기다. 이러한 여러 여건은 개인 자동차를 공유자율주행자동차로 대체할 가능성을 높인다.

그러나 정확히 몇 퍼센트의 개인 통행이 공유자율주행자동차로 전환될지 예측할 수는 없다. 따라서 공유자율주행자동차의 대체비율이나 대체비율에 따른 자동차 감소, 또는 주차장 감소 효과와 관련된 많은 연구들이 진행되어 왔다.

리우Liu 등은 공유자율주행자동차의 요금에 따른 통행 분담률을 미국 오스틴을 대상으로 구했다. 이 연구결과에 따르면 요금이 개인 자동차 운행비용과 동일한 1.25달러인 경우에는 13%의 통행 분담률을 보였고,

0.75달러인 경우는 15%, 0.5달러인 경우는 17%까지 증가했다. 장Zhang 등은 가구 내 개인 자동차 통행을 전부 자율주행자동차로 대체했을 경우 9.5%의 차량 감소 효과가 있음을 도출했다. 이것은 자율주행자동차가 목적지에 도착한 후 또 다른 가족 구성원이 사용할 수 있도록 스스로 이동하기 때문이며, 세컨드 차량의 필요성이 줄어든다는 것을 의미한다.

미국 애틀란타를 대상으로 한 연구에서는 5%의 통행을 공유자율주행자동차가 분담할 경우, 4.5%의 주차장이 감소한다는 결과가 도출되기도 했다. 첸Chen 등은 가상도시를 통해 공유자율주행자동차가 모든 통행 중 10%를 담당할 때의 차량 감소 효과를 연구한 결과, 73~85%의 차량 감소가 있음을 제시했다. 로르카Llorca 등은 독일 뮌헨을 대상으로 공유자율주행자동차가 20%의 개인 통행을 분담할 때와 40%를 분담할 때에 대해 시뮬레이션을 하였고, 그 결과 각각 14%와 28%의 차량 감소 효과를 제시했다.

자율주행자동차는 주차면적을 감소시킬 수도 있다. 자율주행자동차 운전자는 주차장까지 갈 필요가 없다. 따라서 주차면 규격에서 차문을 위한 공간이 불필요하므로 지금보다 작은 주차면이 가능하다. 아우디는 '스마트시티 엑스포 세계회의 2015'에서 미국 보스턴의 서머빌 지역을 위한 미래 도시계획을 발표하였다. 아우디는 운전자나 다른 탑승자가 빌딩 정문에서 발렛파킹하듯 내리면 되므로 주차면에 사람이 내릴 공간이 불필요할 것이라 했고, 따라서 서머빌 전체 주차장 면적의 62% 가량을 줄일 수 있을 것으로 전망했다.

자율주행자동차는 앞차량의 가감속 및 정지 등 외부 신호에 즉각적인 반응을 하며, 녹색신호에 의한 출발 지연이 없다. 또한 차량 간격을 1m까지 좁히면서 정교한 군집주행이 가능하다. 많은 연구에서 자율주행자동차가 현행 도로의 용량을 크게 늘릴 수 있다는 결과를 제시하고 있다.

미시간대학 자동차 연구센터는 도로에 자율주행자동차만 있다면 도로 용량이 최대 500%까지 늘어날 것이라는 연구 결과를 발표했다. 비치오 Youssef Bichiou 등과 조디Ismail H. Zohdy 등은 교차로와 회전 교차로의 지체도가 70~80% 수준으로 감소할 것이라고 하였다. 다시 말하면 교차로의 도로 용량이 20~30% 증가한다는 것이다. 텍사스대학은 미국에서 90%의 차량이 자율주행자동차로 대체될 경우 도로 면적을 현재의 두 배로 늘리는 효과가 나타날 것이라고 하였다. 사우스플로리다대학의 연구에서는 자율주행자동차의 50% 점유만으로도 도로 용량은 22% 증가하며, 100% 점유 시에는 약 80%의 도로 용량이 증가할 것이라고 예상하였다.

차량 간 간격은 인간의 인지·반응 시간에 기초하는데, V2V는 이들 간격을 줄이고, 고속도로의 시간당 용량을 2,200대 수준에서 6,500~9,000대까지 높일 수 있을 것으로 전망했다. 한편 미국의 PATH 연구소는 V2V 기술을 통해 자율주행자동차가 군집주행 환경에서 차간 거리가 짧아지고, 좌우 측방 여유폭이 작아져 도로용량을 최대 2.7배 증가시킨다고 발표했다. 이와 비슷한 연구에서도 최대 2.73배 증가를 예상하였다.

이렇게 자율주행자동차는 자체의 기술 성능은 물론, V2X 기술과의 결합을 통해 도로의 통행량 처리 능력을 높일 것이며, 이런 상황은 기존 도로에서 잉여 토지로 이어질 것이다.

## 04 도시 내 잉여 공간의 발생과 활용

도시 내 잉여 공간은 자율주행자동차로 인한 주차장과 도로 면적의 감소로 인해 발생한다. 이전 연구들에서 보았듯이, 자율주행자동차와 공유자동차가 결합하면서 개인 소유의 자동차는 물론 주차장 역시 크게 감소할 것이며, 그 감소 범위는 약 46~93% 사이로 예측하고 있다. 공유자율주행자동차는 도로 면적도 상당 부분 감소시킬 수 있으며, 도시 내 도로 용량은 20~30% 정도 증대 효과가 있을 것이라고 한다.

앞으로는 줄어든 주차장과 도로를 어떻게 활용할지 고민해야 한다. 아마도 사라진 주차장 부지에는 공원, 운동장, 노천카페, 도서관, 주민 커뮤니티 공간이 세워질 것이다. 줄어든 도로 공간에는 보행자나 자전거, 혹은 퍼스널 모빌리티를 위한 공간이 들어설 것이다. 도시는 각각의 특성에 맞는 공간을 확보하게 되며, 주차장과 도로는 도시의 삶을 풍요롭게 하는 공간으로 탈바꿈하게 된다. 첨단 IT기술이 적용된 자율주행자동차 덕분에 미래 도시는 오히려 인간 친화적인 공간으로 가득차게 될 가능성이 높다.

• 다세대 주택의 필로티 공간을 주거시설이나 상가로 활용

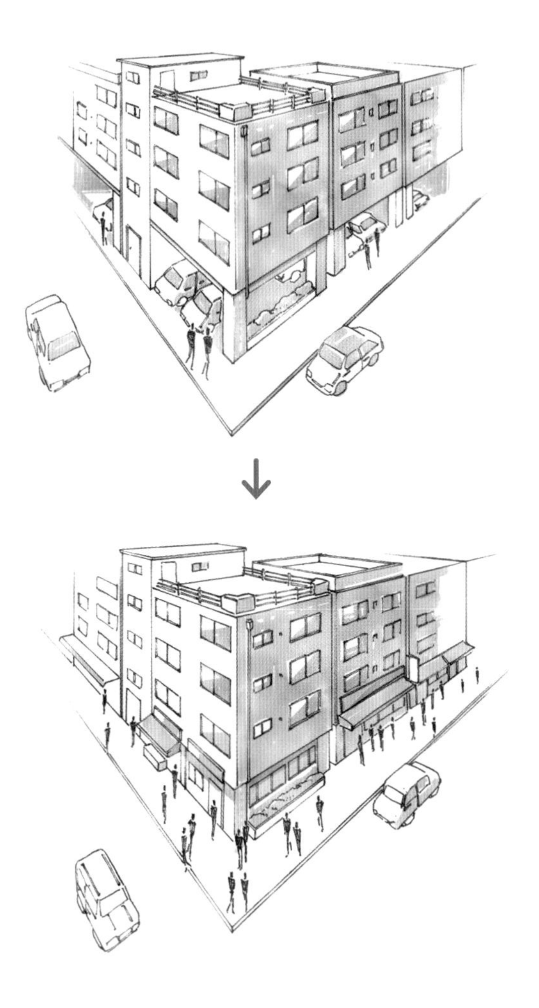

주차장 확보를 위한 필로티 구조의 다세대 주택도 사라진다. 비생산적인 필로티 공간은 주거시설이나 상가 등 다른 용도로 채워지며, 이로 인해 가로 활동은 더욱 활발해지고, 생기 있는 마을 커뮤니티가 형성될 것이다.

• 상업 · 업무 빌딩의 지하주차장은 백화점이나 쇼핑몰로 활용

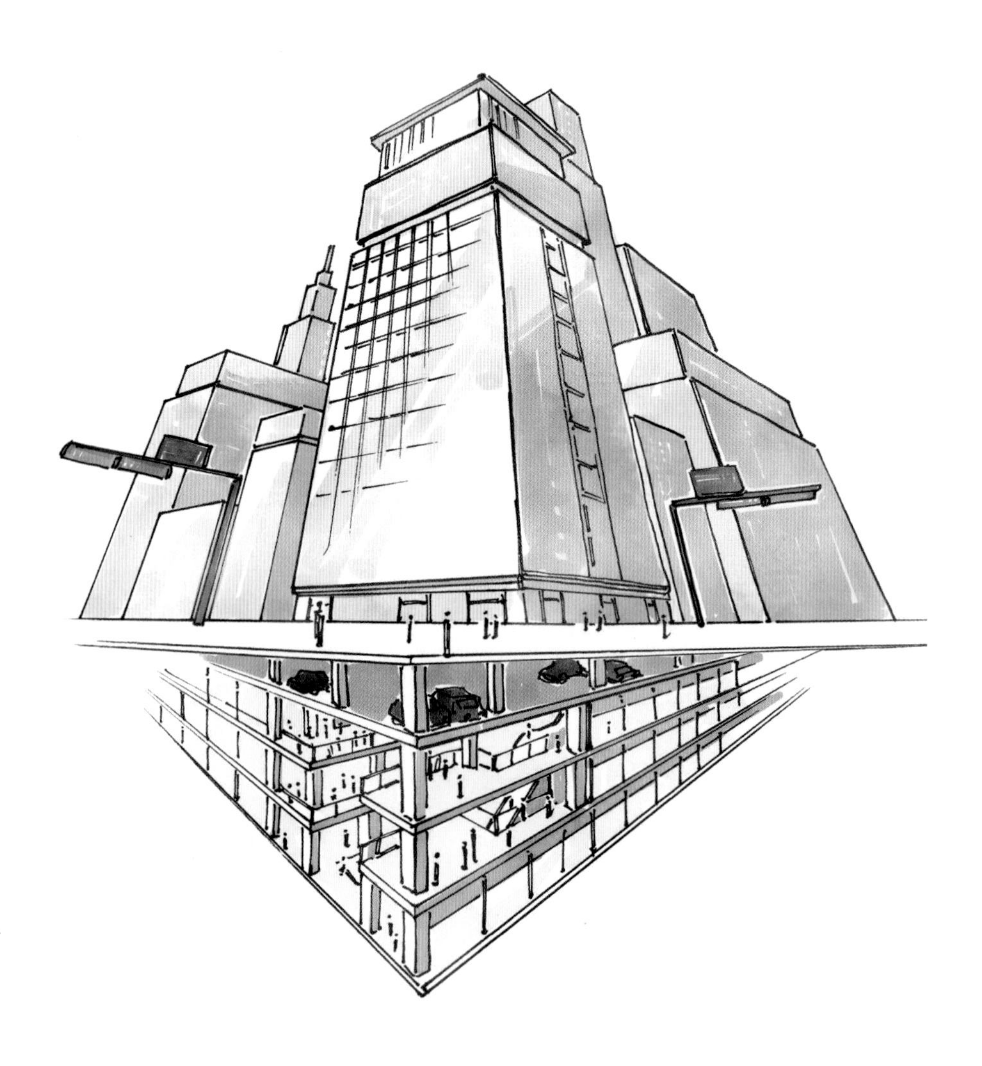

상업 및 업무용 빌딩의 지하주차장도 불필요해진다. 기존 건물의 지하주차장에는 쇼핑몰이나 백화점이 들어서고, 자율주행자동차의 거점 주차장이나 전기 충전 스테이션으로 공유자동차 사업자에게 임대해 줄 가능성이 높다. 새로운 건물이라면 자율주행자동차의 승하차를 위해 건물을 관통하는 구조나 빌딩 앞에 승하차 스테이션을 설치하는 구조로 설계될 수도 있다. 어떤 형태든 이제 지하주차장으로 내려갈 일은 없을 것이며, 사람들은 자동차에서 내려 바로 건물 입구로 들어가게 될 것이다. 지금보다 최종 목적지에 대한 접근성이 크게 개선되는 것이다.

학교는 방문객을 위해 일부 주차공간만 남겨둘 것이다. 학교는 특성상 지상주차장이 넓을 수밖에 없다. 그 공간이 사라지면 학교 캠퍼스에는 더 많은 녹지공간을 확보하거나, 더 많은 운동장 혹은 새로운 교육시설을 추가할 수 있다.

• 학교 주차장 부지에는 더 많은 교육시설 조성

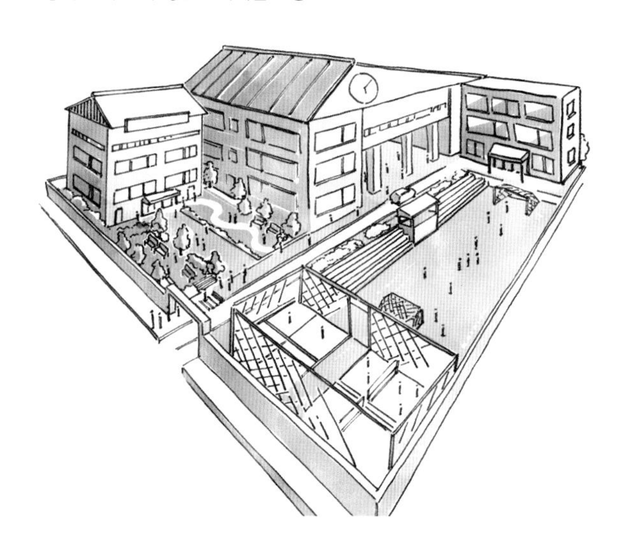

• 아파트 주차장 부지에는 넓은 보도와 커뮤니티 시설 조성

주차장의 감소, 특히 부설주차장의 감소는 건물의 변화를 이끌 것이다. 아파트와 같은 공동주택은 승하차나 장애인 주차장에 필요한 공간을 제외하면 대부분 사라질지도 모른다. 지상에 일부 주차공간만 남겨두고 공사비가 많이 드는 지하주차장 건설은 최소화되는 것이다. 가령, 자율주행자동차의 승하차 편의를 위해 약간의 주차공간을 각 동 전면에 설치하고, 상가나 놀이터 등을 늘리는 것이 가능해진다. 이렇듯 주차장이 사라진 공간을 새로운 용도로 활용하게 될 것이다.

도시 내 건축물의 변화를 유도할 자율주행자동차의 상용화 시기는 2025년으로 예측된다. 리즌 파운데이션Reason Foundation은 주차장 수요 감소 역시 2025년 시작될 것이며, 2040년에는 주차장 감소로 인한 변화가 현저하게 나타날 것이라고 예측하고 있다. 또한 장애인 주차장을 제외한 주차장은 개발 관점에서 가치가 떨어지고, 자율주행자동차의 승하차 스테이션, 충전소, 거점 주차장으로 남을 가능성이 크다. 큰 규모의 주차장이라면 쇼핑몰 등의 용도로 재개발되어 가치 제고의 기회를 가질 수 있다.

## 05 도로가 줄면서 달라지는 도시 가로의 변화

자율주행자동차를 소유한 사람은 목적지에 도착하여 주차장을 찾기 위해 배회할 필요가 없다. 근처의 빈 주차장을 찾아 주차하도록 시키거나 집으로 돌려보내면 된다. 따라서 자율주행자동차가 등장하는 순간 불법주차도 사라지게 되며, 이는 도로의 원래 용량을 회복하는 데 기여할 것이다. 게다가 통행 처리 용량까지 증가하면서 도시에 많은 여유 공간이 생길 가능성이 높다. 이 공간은 지금보다 더 좋은 가로 환경을 만드는 데 기여할 것으로 기대된다.

도시는 자동차 수요에 대응하기 위해 도로를 계속해서 건설해 왔다. 도로는 기능적으로 간선도로, 집분산도로, 국지도로 등으로 나뉘며, 이들 도로는 거대한 네트워크를 형성하면서 촘촘히 도시를 채우고 있다.

• 자율주행자동차로 인해 안전하고 편안한 가로 환경 조성 가능

도로가 늘고 이동 여건이 개선되면 도시의 외연이 확대되어 자동차 수요는 더욱 증가하게 된다. 자동차 수요의 증가는 교통혼잡을 심화시키고, 경제활동을 어렵게 만들며, 이는 다시 새로운 도로의 필요성을 증가시킨다. 하지만 서울과 같은 대도시는 더 이상 제공할 토지가 부족할 뿐만 아니라, 토지가격도 상상을 초월한다. 그래서 현실적인 대안으로 지상 위에 고가도로를 건설하기도 한다.

우리나라에서 고가도로는 근대화의 결과물이자 경제개발의 상징이다. 1960년대 서울시는 경제개발과 맞물려 빠르게 증가하는 교통량에 대처하기 위해 김수근 건축가와 함께 도심을 관통하는 고가도로를 구상하였다. 이에 따라 1968년 서울 아현고가도로가 처음으로 건설되었고, 이후 50여 곳에 고가도로가 건설되었다.

부산은 산이 많은 지리적 특성 때문에 더 많은 고가도로가 필요했다. 부산에는 26개소의 고가도로가 있다. 특히 부산의 동과 서를 가로지르는 14km 길이의 동서고가도로는 1992년 개통한 이래 국내 최장 도심 고가도로라는 타이틀을 갖고 있다.

고가도로가 문제가 되는 것은 소음과 경관이다. 그나마 소음은 방음벽을 설치해 문제를 해결할 수 있지만 도시 경관은 달리 방법이 없다. 서울의 내부순환도시고속도로와 같이 하천을 따라 건설되었거나, 부산 동서고가도로와 같이 주거 지역을 가로지르는 고가도로의 경관 문제는 매우 심각하다. 이뿐만이 아니다. 고가도로는 주변 상권의 발전을 저해하고 다리 아래 지역을 슬럼화하기도 한다. 고가도로 자체가 물리적인 장벽이 되어 사람들의 왕래를 가로막기 때문이다.

자율주행자동차로 인해 도로 용량이 증가하면 고가도로의 존재 이유는 사라지게 된다. 따라서 기존 고가도로는 '서울 청계고가도로'처럼 철거되거나 서울역의 '서울로 7017'처럼 녹지 공원으로 조성될지도 모른다.

청계고가도로는 1960년대 급증하는 도심의 교통량을 흡수하기 위해 건설되었다. 그러나 이후 서울시 도로망과 교통체계 등이 크게 변화했고, 2003년 청계천 복원 사업과 맞물려 철거가 결정되었다. 청계고가도로가 철거되면서 그 일대는 활기차고 밝은 공간으로 변모했다. 무엇보다 하늘이 열리면서 도시 경관이 크게 바뀌었다.

• 청계고가도로 철거 전·철거 중·철거 후 현재 청계천의 모습

• 서울로 7017

서울역 고가도로는 2017년 보행자를 위한 공중정원으로 바뀌었다. 1970년대 지어진 서울역 고가도로는 안전상태 D등급을 받으면서 철거 대상이 되었는데, 친환경 교통개발 추세에 힘입어 '서울로 7017'이라는 보행길로 재탄생했다. 이러한 추세로 볼 때 자율주행자동차 시대에 사라질 도로 1순위는 누가 뭐라 해도 고가도로가 될 것이다.

일반적으로 장거리 열차나 고속버스, 비행기는 다른 교통수단을 타고 이동 후 갈아탈 때 시간적, 심리적 저항이 일어나는데, 이를 '환승저항'이라고 한다. 환승저항이 일어나는 이유는 지하철역이나 버스정류장에서 터미널까지 이동하는 시간, 그리고 다시 탑승장에서 기다려야 하는 시간 때문이다. 자동차를 터미널 인근에 주차할 때도 별도의 시간이 필요하고,

보행거리도 늘어나는데, 이때 환승저항이 최대가 된다. 개인마다 다르겠지만 총 여행 시간과 육체적 피로보다 환승저항이 크면 사람들은 장거리 열차나 고속버스, 비행기국내선를 포기하고 자동차를 선택하게 된다.

자율주행자동차는 이러한 환승저항을 줄여준다. 택시처럼 바로 터미널 입구에 내려줄 수 있어 정류장에서 터미널까지의 접근 거리를 감소시킨다. 또 자율주행자동차 중심의 교통체계에서는 교통사고로 인한 정체가 사라지므로 도착시간을 보다 정확히 예측할 수 있게 된다. 이렇게 되면 터미널에서 열차 출발시간까지의 대기시간을 줄일 수 있다.

따라서 터미널 입구로 진입하는 자율주행자동차를 수용하기 위해 터미널 공간은 택시 대기공간과 비슷한 형태로 디자인 될 것이다. 또 기존 터미널에 필요했던 대규모 주차장은 크게 줄어들 것이다.

• 빠른 승하차 공간으로 설계되고, 대규모 주차장이 사라진 미래의 터미널

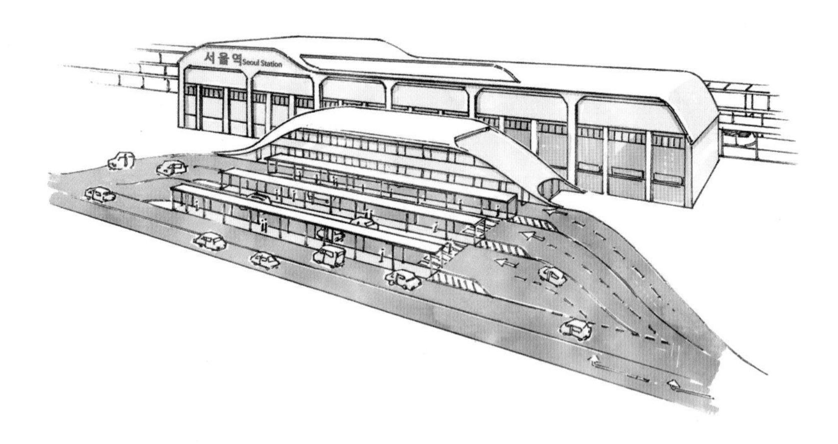

chapter. 04

# 미래 도시의 라이프스타일을 말하다

## 01 여유시간의 확보

자율주행자동차를 이용하는 방법은 오늘날 자동차를 이용하는 방법과는 큰 차이가 있다. 자율주행자동차의 경우, 소유보다 공유의 비중이 클 것이라고 하지만, 개인이 소유하는 방식이라고 해도 크게 다르지 않다. 가장 중요한 변화는 이동 중 다른 활동이 가능해진다는 점이다. 자율주행 모드로 이동하는 경우, 탑승자는 노트북으로 업무를 보거나 식사, 독서, 영화감상, 화상전화 등을 할 수 있다. 부족한 수면시간을 출근을 하면서 채울 수도 있고, 주차장에 차를 가지러 가거나 목적지에서 주차할 필요도 없으니 아예 늦잠을 잘 수도 있다.

교통혼잡으로 인한 시간 낭비도 사라질 테지만, 밀리는 도로에 있다 해도 과거보다는 한결 여유로울 것이다. 이동하는 시간이 일상에서 얻는 새로운 시간이 되기 때문이다. 자율주행자동차는 주유나 충전, 차량 정비, 세차를 위해 따로 시간을 낼 필요도 없다. 차량이 스스로 주유소나 정비소로 이동하여 결제하는 방식으로 변화할 것이기 때문이다.

• 사율주행사동차가 주는 시간

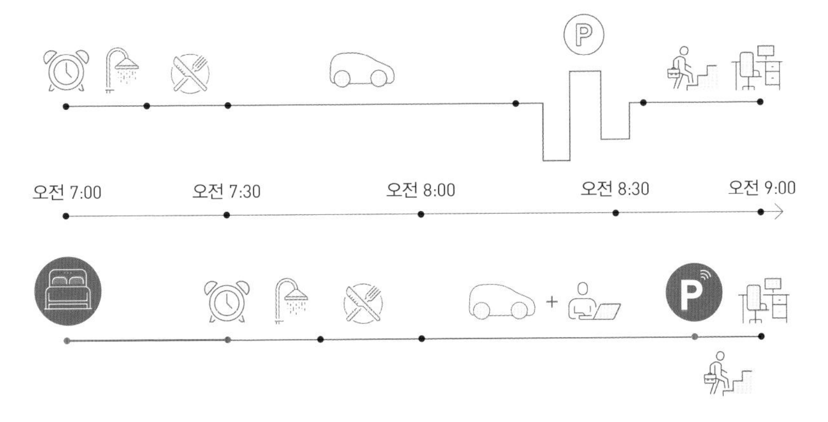


또한 자율주행자동차는 주차장 접근 방식을 바꿀 것이다. 차를 가지러 아파트 지하주차장으로 내려갈 필요도 없고, 목적지에 도착해서 주차장을 찾을 필요도 없다.

자율주행자동차는 통행의 시작과 끝을 운전자가 아닌 자동차가 대신해 준다. 총 통행에 있어 양끝단의 이동거리가 해소되고, 이로 인해 얻어진 시간은 기존 자동차를 이용하는 사람에게 존재하지 않던 시간이다. 통행 양끝단의 이동거리나 이동시간이 사라지면 사람들의 이동 욕구는 더 커지고, 더 많은 사람들이 사회활동에 참여할 기회를 갖게 된다. 그리고 새롭게 얻은 시간은 국가 전체의 생산력도 크게 향상시킨다. 가령 시간이득을 5분, 국가 전체 1일 통행횟수를 1,000만 회라고 가정해보자. 1일 획득 시간은 총 5,000만 분, 다시 말해 83만 3,333시간으로 한 해 동안 무려 3만 4,722년이라는 새로운 시간을 얻게 된다.

## 02 누구나 이용하는 공유자동차 서비스

자율주행자동차 시대에는 구매보다 공유서비스를 더 많이 이용할 것이란 많은 연구결과가 있음에도 불구하고 그 견해에 반대하는 사람들 역시 적지 않다. 자동차를 소유하려는 욕망은 단지 이동에만 국한되지 않는다는 것이다. 물론 이 또한 일리 있는 얘기다. 하지만 자율주행자동차에 앞서 음반 시장을 살펴보자.

과거에는 많은 사람이 LP와 CD를 구매해 음악을 들었다. 인기 아티스트나 음반이 나오면 그걸 구매하는 것이 자랑이었다. 얼마나 많은 LP나 CD를 소유하고 있느냐가 그 사람의 음악적 소양의 척도가 되었다. 마치 얼마나 값비싼 자동차를 소유하고 있느냐가 성공의 척도가 되는 것처럼 말이다. 그런데 오늘날 LP와 CD를 구매하는 사람이 얼마나 되는가? 사람들은 이제 음반 소유에 관심이 없다. 매달 일정 금액을 지불하면, 어떤 음악이라도 무한정 들을 수 있기 때문이다.

미래의 자율주행자동차가 공유서비스로 전개될 것이라는 예측 역시 이런 맥락에서 설명이 가능하다. 무엇보다 자동차 소유는 LP나 CD를 소유하는 것보다 훨씬 불편하다. 주차장을 갖고 있어야 하고 주차비를 내야 하며, 차량 정비나 충전도 해야 한다. 한 연구에서는 오늘날 자기 소유 자동차의 운행 비용이 마일당 0.97달러인데 비해 공유자율주행자동차는 0.31달러로 31%에 불과하다고 지적한다. 물론 여전히 운전의 재미를 추구하고 경제적 성취와 개성을 드러내기 위해 일부 사람들은 자동차를 소유할 것이다. 그러나 대부분의 사람은 경제성과 이용의 편리성을 이유로 공유자율주행자동차를 선택할 것이다.

이런 관점이 틀리지 않다는 것은 기업들의 움직임으로도 간파할 수 있다. 테슬라는 자신의 전기자동차 사업 모델을 제조업이 아닌 서비스업으로 규정하고 있다. 또 많은 완성차 제조업체들이 공유자동차 기업에 투자하고 있다. 구글이 우버에 투자하였고, 다임러 AG는 카투고, BMW는 드라이브 나우에 투자했다. 이러한 움직임은 모두 미래의 자동차가 소유에서 공유로 전개될 때를 대비한 것이다.

한편 자율주행자동차를 소유한 사람은 지금보다 더 적극적으로 우버에 자기 차를 내놓을 것이다. 본인이 운전하지 않더라도 자동차가 돈을 벌어 줄 수 있으니 공유서비스에 차를 맡기지 않을 이유가 없다. 자동차 소유주가 자신의 차를 공유 시장에 쉽게 내놓을 수 있다는 것은 우리가 필요할 때 언제 어디서든 자동차를 이용할 수 있다는 것을 의미한다. 따라서 대부분의 사람들은 더욱더 자동차 소유의 필요성을 느끼지 못할 것이다. 결국 이런 모습은 자동차 공유가 소유보다 더 일반적인 이용 행태가 될 것임을 말해준다.

## 03 고령자와 장애인의 이동성 보장

우리나라 전체 인구 중 65세 이상 고령자는 650만 명12.8%이며, 2048년에는 1,900만 명까지 증가할 것으로 예상된다. 고령자가 가장 많이 이용하는 교통수단은 버스이며, 80세 이상은 버스 이용조차 어려워 택시와 자가용 이용률이 높게 나타난다. 고령자들이 지하철 이용을 피하는 것은 계단이나 경사로 때문이다. 자가용을 직접 운전하는 비율은 75세 이상은 7.4%, 80세 이상은 3.2%에 불과하다. 즉, 홀로 이동하는 것이 어렵다는 얘기다.

한편 우리나라의 장애인 수는 250만 명으로 자가용을 가장 많이 이용하며, 다음으로 버스와 지하철 순이다. 장애인 가구의 52%는 차량을 보유하고 있으나, 직접 운전이 어려운 장애인은 53%에 달한다.

• 노인과 장애인도 자동차의 편리한 이용이 가능

자율주행자동차는 장애인, 노인, 어린이, 청소년 등 이동에 제약이 있던 사람들이 보호자에 의존하지 않고 모빌리티 독립을 이루게 할 수 있다. 지금과는 달리 마음 편하게 이동하는 것은 물론, 의료·교육·사교 등 다양한 활동 공간으로 타인의 도움 없이 자유롭게 접근할 수 있다. 게다가 택시운송원이나 버스운송원 중 인건비가 약 65%를 차지하는데, 인건비가 따로 들지 않는 공유자율주행자동차는 요금이 높지 않아 저소득 계층의 고령자와 장애인의 이동을 크게 지원할 것이다.

자율주행자동차는 컨시어지Concierge 서비스를 대신할 수도 있다. 예를 들어, 시골에서 늙은 부모님이 올라왔는데, 자식이 회사 일로 바빠 마중이 어려운 경우를 생각해보자. 이때 자율주행자동차가 대신 터미널로 가 부모님을 모실 수 있다. 자동차 손세차를 할 때도 꼭 세차장을 갈 필요가 없다. 선물을 대신 전달할 수도 있고, 맥도날드 드라이브 스루에서 햄버거를 사오게 할 수도 있다. 대중교통이 끊긴 밤늦은 시간까지 야근을 하거나 술을 마셔도, 가족에게 운전을 부탁할 필요가 없다. 공유자율주행자동차를 부르면 되니까 말이다.

뿐만 아니라 부모 대신 아이들을 학교에서 학원으로 픽업해 줄 수도 있고, 밤이 되면 아이들은 집에 있는 자율주행자동차를 불러 안전하게 귀가할 수 있다. 운전자 보험이 필요 없는 자율주행자동차는 가족 누구라도 탈 수 있다. 그러다보니 자동차는 집에서 쉴 틈이 없어질 것이다. 아침 일찍 아빠를 출근 시킨 자동차는 집으로 돌아와 엄마의 외출을 돕는다. 오후에는 아이를 학원에 데려다 주러 가야하고, 저녁에는 큰 아들이 데이트를 위해 차를 갖고 나간다. 자율주행자동차 한 대로 2~3대의 몫을 할 수 있게 되는 것이다.

이처럼 자율주행자동차를 소유한 차주는 마치 개인 비서를 둔 것과 똑같이 일상의 삶에서 도움을 받게 된다.

## 04 다양한 형태의 자율주행자동차

공유자동차 기업이 운영하는 자율주행자동차는 매우 다양한 형태로 제공될 것이다. 물론 기존의 자동차와 같은 형태도 존재하겠지만, 비즈니스형, 엔터테인먼트형, 침대형 등 새로운 내부 공간을 갖는 자율주행자동차가 나타날지도 모른다.

비즈니스 형태의 내부 공간에는 업무용 테이블, 컴퓨터, 와이파이, 화상 회의용 스크린이 준비되어 이동 중 일을 해야 하는 사람들이 주로 이용하게 될 것이다. 엔터테인먼트 형태의 내부 공간에는 질 좋은 음향 기기와 고화질 스크린이 마련되며, 승객은 스트리밍 음악 서비스나 영상 서비스를 이용할 수 있다. 새벽에 출발하는 여행객들은 침대형 자율주행자동차를 선택해 잠을 자면서 편하게 이동할 것이다.

새로운 형태의 자율주행자동차는 공유자동차만의 전유물이 아니다. 자율주행자동차로 이동하는 동안 사람들이 얻는 시간은 통신 및 광고 회사들에게 새로운 사업 기회가 된다. 차내 인터넷 사용이 더욱 늘어나고,

광고에 노출되는 시간도 많아지기 때문이다. 구글은 웨이모 차량을 이용하는 사람들에게 광고를 보는 조건으로 무료 이용을 허용할지도 모른다. 저소득 계층들은 구글의 이런 방침을 환영할 것이 분명하다. 유튜브 유료 회원에게도 웨이모 무료 이용을 제공할지 모른다.

넷플릭스가 제공하는 자율주행자동차는 데이트를 하는 청춘남녀에게 인기 있는 상품이 될 것이다. 넷플릭스 자율주행자동차는 유료 회원에게 영화나 드라마를 무료로 제공할 것이기 때문이다. 연인들은 경치 좋은 장소를 찾아가 넷플릭스 영화를 관람하고, 함께 거닐면서 즐거운 시간을 가질 수 있다.

이용자들은 다양한 수요에 맞게 제작된 자율주행자동차를 만나게 되고, 기업은 자사의 이익을 극대화하기 위해 자율주행자동차를 활용하게 될 것이다.

• 승객의 요구에 대응하는 다양한 형태의 자율주행자동차의 등장

가까운 미래에 "어떤 자동차 다니?"라는 질문은 어느 제조업체의 차를 소유하고 있는지가 아닌, 어떤 자율주행 플랫폼을 탑재하고 있는지가 될 것이다. 다시 말해 우리는 앞선 질문에 대해 폭스바겐, 아우디, 벤츠, 현대가 아니라 "난 웨이모 플랫폼", "난 오토파일럿"이라고 대답하게 될 것이다. 미래 자동차는 하드웨어가 아니라 차량 내 소프트웨어가 훨씬 더 중요해진다. 자동차에 탑재된 자율주행 플랫폼은 PC와 스마트폰, 그리고 자동차로 연결되는 인터넷을 통해 언제 어디서든 업무와 게임, 음악, 검색 활동이 가능한 환경을 만든다. 이 플랫폼은 고가의 프리미엄급부터 보급형까지 다양하며 가격도 천차만별일 것이다. 따라서 어떤 자율주행 플랫폼을 탑재하고 있으며, 어떤 옵션을 갖고 있는지가 그 사람의 부와 지위를 대표하게 될 가능성이 높다.

자율주행자동차가 보급되면 국내 여행도 증가할 것이다. 자동차가 대신 운전하면 장거리 운전의 부담이 사라지기 때문이다. 게다가 새벽에 출발해 밤늦게 돌아오게 된다면 여행 경비에서 가장 큰 비중을 차지하는 숙박비의 부담을 줄일 수 있다. 이동을 하면서 밤 시간을 보낼 수도 있다. 여름 휴가철 장기여행도 문제가 되지 않는다. 자율주행자동차가 있으면 여행 경비도 아낄 수 있고, 숙박 문제도 해결할 수 있으니 말이다. 요즘 소위 '차박'이 유행인데, 자율주행 시대가 되어 자동차 내부를 마음대로 꾸밀 수 있다면 훨씬 더 즐거운 경험을 쌓을 수 있지 않을까?

게다가 공유자율주행자동차를 이용한다면 자기 소유의 차가 없더라도 상관없다. 렌터카 회사로 차를 인도받으러 갈 필요가 없고, 여행지에서 주차에 신경쓸 필요도 없다.

이렇듯 여행 시간과 비용이 감소하면서 자율주행자동차를 이용한 여행객은 나날이 증가할 것이다.

## 05 주거용 캠핑카와 사무실용 자동차의 등장

우리나라는 미국처럼 땅이 넓지 않아서인지 캠핑카를 이용하는 사람이 적다. 그러나 자율주행자동차 시대에는 달라질 수 있다. 이른바 주거용 캠핑카도 상당한 인기를 누리지 않을까 싶다.

전 세계적으로 1인 가구가 증가하고 있고, 청년들은 부모를 떠나 홀로 독립하려는 욕구가 강하다. 이들이 도시에 정착하려면 머무를 곳이 필요한데, 서울은 주거비가 너무 높아서 집을 구하기가 쉽지 않다. 결국 최대한 집값을 아끼기 위해 가급적 외곽에 집을 구하게 될 것이고, 그렇게 되면 자동차가 필요해질 수밖에 없다.

만약 캠핑카가 자율주행으로 스스로 이동한다면 어떨까? 캠핑카를 구입한 청년은 주택과 자동차를 동시에 보유하게 된다. 직장에 다닐 때는 대중교통을 이용하고 평상시에는 주거용으로만 사용하다가, 여행지에서는 자동차 겸 호텔로 활용할 수 있다. 숙박 장소를 따로 잡지 않아도 되니 여행 경비도 아낄 수 있다. 다만, 캠핑카를 위한 주차장이 문제다. 물과 전기를 공급받을 수 있으면서 저렴한 비용에 장기간 주차할 수 있는 공간이 필요하다. 수요가 많다면 한가한 도시 외곽에 캠핑카 촌이 생길 수도 있을 것이다.

사업을 시작하는 창업자에게 자율주행자동차는 움직이는 사무 공간을 제공할 수도 있다. 자동차 안에는 컴퓨터와 인터넷, 프린터, 회의 탁자가 구비되어 있다. 사무실로도 이동수단으로도 사용할 수 있으니 사무실을 임대하는 것보다 경제적일 것이다. 이동하면서 곧바로 사업제안서 수정이 가능하고, 어디서든 필요한 업무에 즉각적으로 대응할 수 있다. 만약 사업 초기라면 움직이는 사무공간은 상당히 매력적인 상품이 될 것이다.

한편 자율주행자동차의 차주는 전기 충전 서비스를 제공하는 카페나 식당을 선호하게 될 것이다. 미래의 자동차 충전은 오늘날 스마트폰 충전과 유사해질 가능성이 높다. 사람들은 배터리가 50% 남아 있어도 불안해하고, 틈나는 대로 충전하려 할 것이다. 그런 이유로 사람들은 카페나 식당을 갈 때 전기 충전이 가능한 곳을 선호하게 될 것이며, 카페나 식당도 손님을 끌기 위해 전기 충전 서비스를 적극적으로 제공할 것이다. 카페나 식당만이 아니다. 은행, 병원, 마트, 백화점들도 고객 유치를 위해 같은 서비스를 앞 다투어 제공하려 할 것이다.

기존의 주유소 형태도 바뀔 것이다. 가솔린 주유와 달리 전기자동차는 충전에 상당한 시간이 소요되므로 차주가 머물 공간이 필요하다. 따라서 기존 주유소보다 규모는 커질 것이다. 대기 공간에서 고객들은 음료나 식사를 즐기거나 업무를 처리하게 될 것이다. 일종의 복합 서비스 공간이 되는 셈이다.

• 주거와 자동차 기능, 사무실과 자동차 기능을 합친 자동차의 등장

## 06 — 24시간 물류 배송과 재난지역 지원 가능

온라인 쇼핑은 물론, 오프라인 매장에서도 온라인 주문/배달은 흔하디흔한 일상이 되었다. 특히 코로나19로 인해 비대면 주문/배달 시장이 확대되면서 쿠팡이나 배달의민족 라이더들은 더욱 바쁘게 거리를 누비고 있다.

자율주행자동차가 도입되면 인건비가 사라지기 때문에 낮은 비용으로 24시간 배달이 가능해진다. 이미, 크루즈는 도어대쉬와 파트너십을 맺고 샌프란시스코 배이 에어리어에서 식품 및 식료품 배달을 시범 서비스하고 있다. 무인 배달 스타트업인 누로 역시 도미노, 월마트, 크로거 등의 파트너와 소비자 배송 사업을 추진하고 있다.

물류 배송에는 소형 자율주행자동차를 이용하는 것이 보다 효율적이다. 각각의 배송 물품에 맞는 소형 모빌리티를 이용하는 것이 시간이나 비용 면에서 훨씬 유리하기 때문이다. 다만, 물류차량들은 또 다른 교통 혼잡을 유발할 수 있다. 도로에는 지금도 자동차, 보행자, 자전거, 퍼스널 모빌리티가 섞여 있다. 2차원 평면에 서로 다른 속도의 교통수단이 혼재되어 있는 것이다. 여기에 물류차량까지 더해지면 교통혼잡을 감당하기 어려울 것이다. 이런 이유로 물류배송은 지하로 보내는 방법이 논의되고 있다. 우븐시티Woven City와 같이 지하에 물류전용도로 네트워크를 구축하고, 이를 통해 도시 물류차량을 이동시키면 도시 전체의 효율성이 높아질 수 있다.

• 지하도로를 이용하는 자율주행 물류차량

또한 자율주행자동차 덕분에 긴급차량의 이동성도 크게 향상될 것이다. 교통혼잡 시 운전자들에게 양해를 구하지 않아도 된다. 전방의 자율주행자동차들이 매뉴얼대로 긴급차량에게 길을 열어줄 것이기 때문이다. 응급 차량은 환자들을 더 빨리 병원으로 이송시켜 많은 사람들의 생명을 구하게 된다.

세계를 무대로 활동하는 구호단체들은 이동에 많은 제약을 받는다. 아프리카 오지나 지진·해일 같은 자연재해를 당한 지역들도 마찬가지다. 자율주행자동차는 사람이 접근하기 힘든 이들 지역에 생필품과 의약품을 전달해주고, 격리와 이송을 맡아줄 것이다. 코로나19 바이러스로 전 세계 많은 도시가 폐쇄되고 통행이 제한되었다. 코로나19의 진원지로 알려진 중국의 우한이 대표적인 봉쇄 조치가 시행된 도시다. 이탈리아도 12개 도시를 폐쇄하였으며, 브라질의 상파울루, 필리핀의 마닐라 등 세계 여러 도시에서도 봉쇄령이 내려졌다.

자율주행자동차는 이러한 전염병 감염 지역에서 중요한 역할을 수행할 수 있다. 코로나19가 확산되던 2020년 3월, 미국의 메이오클리닉은 모빌리티 스타트업 비프Beep로부터 자율주행 셔틀 4대를 도입해 코로나19 검사 구역을 돌아다니며 채취한 검체Medical specimen 박스를 검사 요원에게 전달하도록 했다. 자율주행 배송 로봇 개발업체인 뉴로도 코로나19와 싸우는 의료기관과 환자들을 대상으로 의료용품, 생필품 등의 자율 배송을 시작했다. 네오릭스의 자율주행자동차도 코로나19가 발생한 우한 지역에서 생필품 배송은 물론 도시 방역, 병원 내 의료용품 이송 등에 활용된 바 있다.

한창 원고를 마무리하던 중에 구글의 웨이모와 GM의 크루즈로부터 놀라운 소식이 들려왔다. 웨이모와 크루즈가 완전 자율주행택시의 공공도로 운행을 승인받았다는 것이다. 웨이모는 애리조나주 피닉스 교외 지역에서 상업적으로 운전자가 없는 자율주행택시를 운행하게 되며, 크루즈도 2020년 10월 15일 캘리포니아 차량 관리국으로부터 완전자율주행자동차를 샌프란시스코에서 운행할 수 있도록 승인받았다. 테슬라는 더욱 놀라운 일을 벌이고 있다. 2020년 9월 22일 배터리데이에 테슬라는 곧 완전 자율주행FSD: Full Self-Driving 기능을 출시하겠다고 선언했으며, 이어서 10월 20일 완전 자율주행 베타 버전을 공개했다. 이 베타 버전은 조만간 판매될 모든 테슬라 차량에 업데이트될 예정이다. 베타 버전만 해도 자율주행에서 가장 어렵다는 교통신호에 따른 직진, 좌회전과 회전교차로 통과를 완벽하게 수행해 내고 있으니, 그 말이 허풍은 아닐 것이다. 운전자 없이 운행하는 자율주행택시가 정부로부터 승인을 받고, 일반도로에서 자율주행이 가능한 기술이 등장하는 것으로 볼 때, 우리가 원하는 자율주행자동차는 더 이상 기술이 문제되지는 않는 것 같다.

지난해 12월, 2014년부터 자율주행 프로젝트인 타이탄Titan을 비밀리에 착수해왔던 애플이 드디어 자율주행자동차 시장에 본격적으로 뛰어들 것이라고 발표했다. 애플은 2024년까지 자율주행 전기자동차를 출시할 계획이다. 애플이 자율주행자동차 개발 경쟁에 참여하기로 결심한 데는 기존의 아이폰이나 아이패드에 적용되어 온 IOS와 소프트웨어 서비스를 애플카(가칭)에까지 확대하기 위해서이다. 세계 최대 IT 기업으로 알려진 애플이 자율주행자동차 경쟁에 뛰어들면서 IT 기업과 기존 완성차 업체 간의 경쟁이 더욱 본격화될 것으로 보인다.

우리나라에서도 큰 변화가 있었다. 현대자동차가 드디어 전기자동차 플랫폼 E-GMP를 내놓은 것이다. E-GMP는 유연한 제품 개발이 가능하도록 설계되어 다양한 차종을 생산할 수 있을 뿐만 아니라 제조 비용 절감이 가능하다. 다만 자율주행 모듈이 문제인데, 앱티브와의 합작회사인 모셔널Motional의 자율주행 기술을 탑재하는 것으로 문제를 해결할 것으로 생각된다.

LG전자와 SK텔레콤도 각각 마그나 인터내셔널, 우버와 합작회사를 설립하여 글로벌 전기자동차 시장에 뛰어들 예정이다. 마그나는 세계 3위 자동차 부품업체로 애플카 제작을 맡을 유력한 업체로도 알려진다. 한편 SK텔레콤은 우버와의 합작회사를 지원할 티맵 모빌리티를 설립했다. 이제 우리나라의 공유자동차 시장은 카카오 모빌리티, 쏘카 그리고 우버를 등에 업은 티맵 모빌리티 3개의 기업이 리드할 것으로 전망된다.

1925년 아메리칸 원더에서 시작된 자율주행자동차 개발은 약 95년의 역사를 맞이하였다. 그간 많은 기업들이 실험실과 도로에서 주행 테스트를 하고, 데이터를 축적했다. 그 결과 미국 자동차공학회의 4단계 기술에 이르는 기업들이 속속 나타나고 있다. 기술적 완성도는 글로벌 모빌리티 기업들의 발 빠른 움직임에서도 알 수 있다. 테슬라도 당장 2021년에는 자율주행택시 서비스를 시작하겠다고 하니 말이다. 기술보다는 새로운 모빌리티 서비스에 주목하고 있는 것이다.

2020년 1월 라스베이거스에서 개최된 CES 2020에서 자율주행 기술 자체에 대한 이슈는 많지 않았다. 오히려 진부한 것으로 취급되었다. 대신 기업들은 자율주행자동차 시대의 도시와 사회의 변화에 주목했다. 여기서 아우디는 콘셉트카 AI:ME를 통해 자동차를 집과 직장에 이은 제3의 생활공간으로 그려냈고, BMW는 i3 어반 스위트를 통해 자동차를 호텔 스위트룸처럼 구성하기도 했다. 토요타는 우븐시티를 통해 미래 도시를 그려냈는데, 이때의 핵심 기술로 자율주행 플랫폼 e-팔레트를 제시하고 있다. 아직은 초보적인 수준의 아이디어에 불과하지만 이와 같은 논의는 계속될 것이다.

그러나 도시와 사회의 변화를 기업에게만 맡길 수는 없다. 이제는 도시 전문가들도 자율주행자동차 시대에 맞는 도시 계획을 고민해야 할 때가 왔다. 자율주행자동차는 우리의 출퇴근 거리를 늘리고, 도시 외곽으로 토지 개발을 견인할 것이다. 주차장과 도로에 지금처럼 많은 토지를 할애할 필요가 없으니 도시는 더 간결해지고, 더 넓은 보행로와 녹지를 제공할 수 있을 것이다. 가로상의 주택과 상가는 자율주행자동차의 용이한 접근을 위해 승하차 스테이션이 마련되어야 할 것이다. 통행량이 많지 않은 곳은 지금처럼 차로 위에 설치할 수도 있겠지만, 그렇지 않은 곳은 건물이 수용할 수 있도록 해야 한다. 사람들은 이제 더 이상 대중교통이 편리한 곳이 아니라, 자연환경이 좋은 도시 외곽의 주거지를 찾는 데 주저하지 않을 것이다. 도시에서 자율주행자동차를 수용하기 위한 노력이 도시 계획과 건축 계획에서도 필요한 이유이다.

그렇다면 앞으로 자율주행자동차의 도시 진출은 어떻게 전개될까? 도시가 자율주행자동차를 완전히 맞이하기 전까지 정부는 고속도로나 버스

전용차로와 같은 특정 구간에서만 자율주행자동차를 허용할 것이다. 자율주행자동차법의 시범운행지구를 대표적인 예로 들 수 있다. 시범운행구간은 자율주행자동차의 자유로운 실험의 장이 될 수 있도록 안전기준에 대한 특례와 승차 공유를 허용해 준다.

신개념의 도시 개발이 가능한 신도시에도 적용될 가능성이 높다. 실제로 자율주행자동차 시대를 준비하는 도시들이 있다. 우리나라만 해도 세종시 5-1생활권을 대상으로 계획된 스마트시티는 자율주행자동차와 공유자동차를 주요 교통수단으로 하는 도시를 꿈꾸고 있다. 세종시 스마트시티와 같이 자율주행자동차를 중심으로 하는 리빙랩이 성공을 거두게 되면, 정부와 시민들의 자율주행자동차에 대한 수용성은 크게 향상될 것이다. 그리고 자율주행자동차는 빠르게 일반 도시로 들어오게 될 것이다.

그런데 이들 과정이 계획대로 순탄하게 진행될까? 그렇지 않을 것이다. 예전 증기기관차도 그랬고, 자동차도 그랬다. 역사를 돌이켜볼 때 자율주행자동차에 대한 저항은 피할 수 없을지도 모른다. 미국의 언론인이자 칼럼니스트인 프리드먼Thomas L. Friedman은 "말들이 투표권을 가지고 있었다면 자동차는 없었을 것"이라고 했다. 혁신과 신기술에 대한 저항을 은유적으로 표현한 것이다. 1856년 영국 의회는 「붉은 깃발법The Locomotive on Highways Act」을 제정했다. 마차 업자들의 압력 때문이었다. 이 법은 시속 30km로 달릴 수 있었던 28인승 증기자동차가 도심에서는 시속 3.2km, 교외에서는 시속 6.4km를 넘기지 못하도록 규정했다. 게다가 자동차의 55m 앞에서 달리는 마차가 붉은 깃발을 흔들며 자동차가 온다는 사실을 알리도록 했다. 의회는 자동차 사고로 시민들의 안전이 위협받는다는 것을 명분으로 내세웠다. 결국 자동차를 가장 먼저 상용화한 영국은 「붉은 깃발법」으로 30년을 허송세월하는 바람에 자동차 산업의 주도권을 미국과 독일, 프랑스 등 후발주자에 내주어야 했다.

자율주행자동차에 대해서도 「붉은 깃발법」이 출현하지 않을 것이란 보장은 없다. 아마도 택시업계가 가장 강력한 장벽이 될 것이다. 우리나라는 이미 비슷한 경험을 했다. 2014년 우버는 국내 시장 진출에 실패했고, 국내 기업인 카카오 모빌리티의 카풀, 타다의 라이드셰어링 사업도 모두 실패했다. 택시업계의 강한 반발 때문이었다. 다른 나라들이 앞 다투어 미래의 혁신 서비스를 개척하고 발전시키고 있는 가운데 우리나라는 미래 사업의 토양이 황폐화되고 말았다.

나아가 자율주행자동차는 더 큰 도전에 직면하게 될 것이다. 트럭 운전자, 버스 운전기사, 택배기사 등 모든 운전 관련 업종으로 전선이 확대될 것이기 때문이다. 그들을 보호하는 동시에 자율주행자동차 활성화를 촉진시킬 방법을 과연 찾을 수 있을지 모르겠다. 운전기사 다음에는 더 큰 문제가 기다리고 있다. 바로 도시정책가, 도시계획가, 엔지니어들이다. 이들은 지난 수십 년을 이어온 도시계획에서 벗어난 새로운 도시를 쉽게 받아들이지 못할 것이다. 이들이 자율주행자동차에 의한 도시 혁신을 받아들이는 데는 많은 시간이 필요하다. 다행히 자율주행 도시를 표방하고 있는 세종 스마트시티나 판교 제로시티 등에서 도시정책가와 도시계획가들의 혁신적 변화를 읽어낼 수 있었다. 이런 경험이 계속 축적된 이후 우리는 마침내 도시의 대변혁을 맞이하게 될 것이다.

References —— 참고문헌

1부


1. E. Howard, Garden City of Tomorrow, 1898.
2. Heinze, G. W., Losungsstrategien des Verkehrswachstums als Optionen der Verkehrswirtshcaft, In: Hesse, M. Hrsg., Verkehrswirtshcaft, auf neuen Wegen? Marburg: Metropolis, 37~75, 1989.
3. Lewis Mumford, The city in history, Harcourt, Brace 및 World, 1961.
4. Manyika, Chui, Bughin, Dobbs, Bisson, and Marrs, Disruptive Technologies.
5. Meteorologisk Institutt, Environmental Research Letters, 2017.9.
6. Myungsik Do, Wanhee Byun, Doh kyoum Shin, Hyeyun Jin, Factors Influencing Matching of Ride-Hailing Service Using Machine Learning Method, MDPI, 2019.
7. Webber, M. M., A communication strategy for cities the twenty-first century, Institute of Urban and Regional Development, University of California, Berkeley.
8. WMO Statement on the State of the Global Climate in 2019
9. https://www.iea.org/
10. 경기연구원, GRI 이슈진단, 경제 이슈: 영국 산업혁명의 특징과 시사점, 2017.8.
11. 경기연구원, 영국 산업혁명의 특징과 시사점, 2017.8.
12. 고준호,「교통부문 탄소배출 감소추세 뚜렷 교통수요관리 정책 지속 추진 필요」, 서울연구원 Issue Paper, 2018.
13. 공공데이터포털, www.data.go.kr. 2020년 9월 29일 검색
14. 국가교통DB센터, www.ktdb.go.kr. 2020년 9월 29일 검색
15. 국립환경과학원, 국가 대기오염물질 배출량, 2019.
16. 국토교통부, 도로현황조서, 2020.5.
17. 국토교통부, 2018 국가교통·SOC 주요통계, 2018.8.
18. 국토교통부·한국교통연구원,「빅데이터 시대의 국가교통조사 성과와 도전」, 2018.5.
19. 도로교통공단, 2019년판 교통사고 통계분석, 2019.7. 2018년 통계
20. 도로교통공단, 도로교통 사고 비용의 추계와 평가, 2019.12. 2018년 기준
21. 사이언스 타임즈,「증기기관차의 발명」, http://www.scienceceall.com.
22. 서울시 홈페이지, 서울 열린데이터 광장/공공데이터, data.seoul.go.kr. 2019년 기준

23. 서울 연구데이터베이스, http://data.si.re.kr/ 2020년 9월 29일 검색
24. 안드레아스 헤르만, 발터 브레너, 루퍼트 슈타들러, 『자율주행』, 한빛비즈, 2019.8.
25. 에너지경제연구원, 2018년 에너지 통계연보, 2018.12.
26. 이웅호, 이혜자, 「영국 산업혁명의 의의와 시사점」, 경영사학 제32집 제1호통권 81호, 2017.3.
27. 이재호, 『스마트 모빌리티 사회』, 카모마일북스, 2019.5.
28. 자동차 산업 전략 2014.
29. 전국택시운송사업조합연합회, 전국 택시대수 및 운전자 현황, 2019.2. 2018년 11월 30일 기준
30. 통계청, 광업제조업 조사, 2017.
31. 통계청, 전국 사업체 조사, 2018.
32. 한국교통연구원, 「전국 혼잡 비용과 산출과 추이 분석」, 2017.
33. 한국교통연구원, 국가교통조사, 2018.5. 2016년 기준
34. 한국은행, 산업연관표, 2018.
35. 현대자동차 연구개발본부, 「자동차 산업의 미래기술 전망 및 동향」, 2015.7.
36. 환경부 온실가스종합정보센터, 보도자료, 2019.10.
37. 환경부 온실가스종합정보센터, 2019 국가 온실가스 인벤토리 보고서, 2019.
38. 환경부, 국가온실가스 통계. 2020년 9월 29일 검색

## 2부

1. Automotive research facilities in Silicon Valley, Auto news website interactive map, http://www.autonews.com/
2. Boston Consulting Group, Revolution in the driver's seat: The road to autonomous vehicles, April 2014.
3. Campbell J.L. et al. Human Factors Design Guidance for Driver-Vehicle Interfaces. nhtsa.org. 2011. / Ingrassia, Paul, Alexandria Sage and David Shepardson. How Google is Shaping the Rules of the Driverless Road. reuters.com. 26 April 2016. / Davies, Alex. Ford Skipping the Trickiest Thing About Self-Driving Cars. Wired.com. 10 November, 2015.
4. California DMV, 2019 Autonomous vehicle disengagement reports, 2020.2.

5. China Association of Automobile Manufacturers, The passenger cars exceeded 20 million for the first time, 2016.1.
6. Davies, Alex. GM Has Aggressive Plans for Self Driving Cars. wired.com. 15 October, 2015., Bigelow, Pete. Ford Promises Fully Autonomous cars by 2021. https://blog.caranddriver.com, 16 August 2016.
7. ENEF, Electric Vehicle Outlook 2019.
8. EPoSS, European roadmap smart systems for automated driving, 2015, ERTRAC, automated driving roadmap, 2015.
9. European Union, Commition Regulation No.459, 2012.5.
10. Forbes, At 68billion dollars valuation, Uber will be bigger than GM, Ford and Honda, 2015.12.
11. IEA, Global EV outlook 2017.
12. IHS Automotive Report, Autonomous driving: Question is when, Not if, 2015.
13. Ingraham, Joseph C. Electronic Roads Called Practical. nytimes.com. 6 June, 1960. Web. 22 February 2017.
14. Joe Harpaz, Will Trump's Reduced Emissions Rules Kill Auto Industry Innovation?, Forbes, 2017.3.
15. Kubota, Yuko. Behind Toyota's Late Shift into Self Driving Cars. wsj.com. 12 January, 2016.
16. Litman., T., Autonomous vehicle implementation prediction: Implications fir transport planning, Victoria Transport Policy Institute, 2015.
17. Madrigal, Alexis. All the Promises Automakers Have Made About the Future of Cars. theatlantic.com. 7 July 2017.
18. McFarland, Matt. GM Just Introduced a Self Driving Car without a Steering Wheel. money.cnn.com. 12 January 2018.
19. Mckinsey Quarterly, 「Battery technology charges ahead」, 2012.7.
20. McKinsey & Company, How shared mobility will change the autonomotive industries, 2017.
21. Munford, Monty. Gett $300 Million Investment from Volkswagen Underlines Global Threat to Uber. forbes.com. 31 May 2016.
22. Niel, Dan. The driverless car is coming. And we all should be glad it is. Wall Street Journal.com, 24 September 2012.
23. Phantom Auto, will tour city, The Milwaukee Sentinel, Google News Archive, 8 December 1926.

24. Prismetric, Uber: Transportation network company with amazing growth trajectory, 2015.6.
25. Reynolds, John. 「Cruising into the future」, 2001.5.
26. Robert W. Rtdell, 『World of Fairs』, University of Chicago Press, 1993.
27. S. G. Kiauer, F. Guo, J. Sudweeks, and T. A. Dingus, An analysis of driver inattention and cell phone use while driving, Traffic Injury Prevention 16 supp. 2, 2015.
28. Susan Zimmerman, Nelsie Alcoser, David Hooper, Crystal Huggins, Amber Keyser, Nancy Santucci, Terence Lam, Jose Ormond, Amy Rosewarne, and Elizabeth Wood, GAO Report.
29. Thrun, Sebastian. Toward Robotic Cars. Communications of the ACM 53.4 99–106. Computer & Applied Sciences Complete. 2010.
30. Uber Estimate, Uber cities, 2017.
31. V. K. Zworykin and L. Flory, Electronic control of motor vehicles on the highway, Proceedings of Thirty-Seventh Annual Meeting of Highway Research Board, Washington, D.C., January 6-10, 1958.
32. https://blogs.nvidia.co.kr/
33. 국립환경과학원, 2016 국가 대기오염물질 배출량, 2019.
34. 다나카 미치아키, 『2022 누가 자동차 산업을 지배하는가?』, 한스미디어, 2019.
35. 미디어리퍼블릭, 「자율주행과 만난 우버택시, 라이드셰어링 서비스 빅뱅 예고」, 2019.7.
36. 시카고 교통국, 2019년 보도자료.
37. 안드레아스 헤르만, 발터 브레너, 루퍼트 슈타들러, 『자율주행』, 한빛비즈, 2019.8. 38. 알렉스 로젠블랏, 『우버 혁명』, 유엑스 리뷰, 2019.7.
39. 클레이튼 크리스텐슨, 『혁신기업의 딜레마』, 세종서적, 2019.
40. 호드 립슨·멜바 컬만, 『넥스트 모바일: 자율주행혁명』, 더퀘스트, 2016.
41. 환경부, 『교토의정서 이후 신 기후체제 파리협정 길라잡이』, 2016.5.
42. HMG 저널, 「전기차는 왜 대세가 됐나」, 2019.6.
43. Well to Wheel Anallysis Report, 2018.10.
44. 정부 친환경차보급로드맵, 2019. 2.
45. 환경부, 2020.
46. Mckinsey(2015)참고 KT경제경영연구소 재구성

3부

1. Anderson, J. M., Kalra, N., Stanley, K., D., Sorensen, P., Samaras, C., Oluwatola, O, A., Autonomous vehicle technology: A giuide for policymakers, Rand Corporation, Santa Monica, 2014.
2. Apel, D., Der Einfluss der Verkehrsmittel auf Städtebau und Stadtstruktur. In: Bracher, T. ; Haag, M. ; Holzapfel, H. ; Kiepe, F. ; Lehmbrock, M. ; Reutter, U. Ed.: HKV - Handbuch der kommunalen Verkehrsplanung Chapter 2.5.7.1, 2013.
3. Bangemann, C., Simulation einer urbanen Mobilitätslösung basierend auf autonom fahrenden ERobotaxen in München. TU München: Berylls Strategy Advisors, 2017.
4. Baruch Feigenbaum, Autonomous vehicles: A Guide for policymakers, Reason Foundation, 2018.3.
5. BNEF, Electric Vehicle Outlook 2019.
6. Bohm, F. and Häger, K., Introduction of autonomous vehicles in the Swedish Traffic System: Effects and Changes Due to the New Self-Driving Car Technology, UPTEC STS15 009, Examensarbete 30 hp Juni 2015.
7. Brian McKensie and Melanie Rapino, Commuting in the United States: 2009, September 2011, American Community Survey Reports.
8. Center for economic and business research, The future economic and environmental costs of gridlock in 2030, An assessment of the direct and indirect economic and environmental costs of idling in road traffic congestion to households in the UK, France, Germany, and the USA, Lodon, 2014.
9. Chen, D., Hanna, J., & Kockelman, K. M., Operations of a shared, autonomous, electric 36 vehicle SAEV fleet: Implications of vehicle & charging infrastructure decisions. Transport Research Part A, 94, 243--254, 2016.
10. Corwin, The future of mobility, Deloitte University Press, p11, 2015.
11. Daniel J. Fagnant and Kara Kockelman, Preparing a nation for autonomous vehicles: Opportunities, barriers and policy recommendation for capitalizing on self-driven vehicles, Transportation Research Part A 77: 167-181, 2015.
12. David Schrank, Bill Eisele, Tim Lomax, and Jim Bak, 2015 urban mobility scorecard, Texas A&M Transportation Institute, August 2015.
13. Donald Shoup, Cruising for parking, Transport Policy 13 2006: 479-486.n
14. Fernandez, P., Nunes, U., Platooning with IVC-enabled autonomous vehicles- Strategies to mitigate communication delays, Improves safety and traffic flow, IEEE

transactions on ITS, 91~106, 2012.
15. Federal Highway Administration, 2013.
16. Guth, D., Siedentop, S. & Holz-Rau, C., Erzwungenes oder exzessives Pendeln? Zum Einfluss der Siedlungsstruktur auf den Berufspendelverkehr. In: Raumordnung und Raumforschung, pp. 485–499, 2012.
17. Hoyt, H., The Structure and Growh of Residential Neighborhood in American Cities, Federal Housing Administration, Washington, D.C, 1939.
18. IBM, Global parking survey-Drivers share worldwide parking woes, 2011.
19. Ismail H. Zohdy, Hesham A. Rakha, Enhancing roundabout operation via vehicle connectivity, Transportation Research Record of Journal of the Transportation Research Board, No, 2381, pp.91-100, 2013.
20. ITF International Transport Forum, Urban mobility system. Upgrade. How shared self-driving cars could change city traffic. Corporate Partnership Board Report. OECD, 2015.
21. Janelle, D. G., Spatial reorganization: a model and concept, Annals of the Association of American Geographer, 59, 348~364, 1969.
22. Kim, K. H., Yook, D. H., Ko, Y. S., Kim, D. H., "An analysis of excepted effects of the autonomous vehicles on transport and land use in Korea, working paper, Marron Institute of Urban management, 2015.
23. Kornhauser, A. L., Smart driving cars: Transit opportunity of NHTSA level 4 driverless vehicles. Paper presented at the TRB automated vehicle workshop, 2013.
24. KPMG, Self-driving cars: The next revolution, 2012.
25. K. Spieser, K. Ballantyne , K. Treleaven, R. Zhang, E. Frazzoli, D. Morton, M. Pavone, Toward a systemic approach to the design and evaluation of automated mobility-on-demand systems: A case study in Singapore. MIT Open Access Articles Forthcoming in Road Vehicle Automation, Springer Lecture Notes in Mobility series, 2014.
26. Lawrence Burns, William Jordan, and Bonnie Scarborough, Transforming personal mobility, The Earth Institute, Columbia University, January 27, 2013.
27. L.D. Burns, W.C. Jordon, B.A. Scarborough, 『Transforming personal mobility』, Earth Island Institute, Columbia University, 2013.
28. Le Vine, S. und Polack, J., Automated Cars: A smooth ride ahead? ITC Occasional Paper-Number Five, February, 2014.
29. Levin, M. W., Kockelman, K. M., Boyles, S. D., & Li, T., A general framework for modeling shared autonomous vehicles with dynamic network-loading and dynamic

ride-sharing application. Computers, Environment and Urban Systems, 64, 373--383, 2017.

30. Liewen Jiang, Malea Hoepf Young, and Karen Hardee, Population, Urbanization, and the environment, World Watch 21, no. 5, 2008: 34-39, Academic Search Premier, Web, 23 November 2015.
31. Liu, J., Kockelman, K. M., Boesch, P. M., & Ciari, F., Tracking a system of shared autonomous vehicles across the Austin, Texas network using agent-based simulation. Transportation. doi:10. 1007/s11116-017-9811-1, 2017.
32. Litman, T.: Autonomous Vehicle Implementation Prediction. Implications for Transport Planning. June 4, 2014.
33. Litman. T. ,et al, Developing indicators for sustainable and livable transport planning, Victoria Transport Policy Institute, 2016.
34. Luis Martinez, Urban mobility system upgrade: How shared self-driving cars could change city traffic, International Transport Form report, 2015.
35. MaKinsey&Company, Autonomous revolution: perspective towards 2030, 2016.
36. Myungsik Do, Wanhee Byun, Doh Kyoum Shin, and Hyeryun Jin, Factors Influencing Matching of Ride-Hailing Service Using Machine Learning Method, Sustainability 2019, MDPI.
37. NHTSA. Traffic Fatalities Up Sharply in 2015.
38. PATH, Answering the challenges of regulating automated vehicle testing and development in California, Interlimotion, Vol.191, 2014.
39. Paul Barter, Cars are parked 95% of the time: Let's check. Reinvention parking, February 22, 2013.
40. Pinjari, A. R., Augustine, B., Menon, N., Highway capacity impacts of autonomous vehicles: An assessment. University of South Florida, 2013.
41. Prevost, Lisa. "On the College Campus of the Future, Parking May be a Relic." nytimes.com. 5 September 2017.
42. Qu, Xiaobo. "Advances in Modelling Connected and Automated Vehicles." hindawi. com. 2017.
43. Schladover, Steve. E-mail interview. 12 July 2017.
44. Sharoz Tariq, Hyunsoo Choi, CM Wasiq, Heemin Park, Controlled Parking for self-driving cars, IEEE International Conference, 2016.
45. Spieser, K., Treleaven, K., Zhang, R., Frazzoli, E., Morton, D., & Pavone, M., Toward a systemic approach to the design and evaluation of automated mobility-on-demand

systems: A case study in Singapore. In G. Meyer, & S. Beiker Eds., Road vehicle automation. Lecture notes in mobility pp. 229--245. Cham: Springer, 2014.

46. Steven E. Shladover, Dongyan Su, and Xiao-Yun Lu, Impacts of cooperative adaptive cruise control on freeway traffic flow, Transportation Research Record 2324, pp 63-70, 2012.
47. Texas A&M Transportation Institute, Urban mobility scorecard, 2015.
48. The International Transport Forum, Urban Mobility System Upgrade How shared self-driving cars could change city traffic, OECD, 2015.
49. Tientrakool, P., Ho. Y.C., Nicholas F.M., Highway capacity benefits from using vehicle-to vehicle communication and sensors for collision avoidance, Vehicle Technology conferenceVTC Fall, IEEE, 2011.
50. Traffic Safety Facts: 2015 Motor Vehicle Crashes Overview. National Highway Traffic Safety Administration. nhtsa.gov. August 2016.
51. U.S. Center for Disease Control and Prevention, Motor vehicle crash Injuries.
52. U.S. Energy Information Administration, Frequently asked questions: How much carbon dioxide is produced by burning gasoline and diesel fuel?, April 2013.
53. World Health Organization, Fact Sheet no. 310, The top ten causes of death, updated May 2014.
54. Youssef Bichiou and Hesham Rakha, Developing an optimal intersection control system for cooperative automated vehicles, IEEE Transactions on Intelligent Transportation Systems, 2018.
55. Zhang, W., Guhathakurta, S., & Khalil, E. B., The impact of private autonomous vehicles on vehicle ownership and unoccupied VMT generation. Transportation Research Part C: Emerging Technologies, 90, 156--165, 2018.
56. $CO_2$ Emissions Statistics: $CO_2$ emissions from fuel combustion 2018 overview, International Energy Agency, 2018
57. 고준호,「교통부문 탄소배출 감소추세 뚜렷 교통수요관리 정책 지속 추진 필요」, 서울연구원 Issue Paper, 2018.
58. 국립환경과학원, 2016 국가 대기오염물질 배출량, 2019.
59. 국토교통부, 국가교통조사, 2018. 2016년 기준
60. 국토교통부·한국교통연구원, 국가교통조사, 2018. 2016년 기준
61. 그린피스,「무너지는 기후: 자동차 산업이 불러온 위기」, 2019.9.
62. 대한국토·도시계획학회,『도시계획론』, 보성각, 2020.3.
63. 도로교통공단, 교통사고 통계분석, 2019.7. 2018년 통계

64. 도로교통공단, 2015년 도로교통사고 사회적 비용, 2017.
65. 리처드 플로리다, 『도시는 왜 불평등한가』, 매경출판, 2018.
66. 박용남, 『도시의 로빈후드』, 서해문집, 2014.
67. 보건복지부·한국보건사회연구원, 2014년도 노인실태조사, 2014.
68. 서울시 홈페이지, 서울 열린데이터 광장/공공데이터. 2019년 기준
69. 안기정, 「서울시민 승용차 소유와 이용특성 분석」, 2016.2.
70. 안드레아스 헤르만, 발터 브레너, 루퍼트 슈타들러, 『자율주행』, 한빛비즈, 2019.8.
71. 에너지경제연구원, 2018년 에너지 통계연보, 2018.12.
72. 우승국·박지영·김범일·이동윤, 「자율주행자동차 도입의 교통부문 파급효과와 과제1차년도」, 2017.
73. 이백진·김광호·박종일, 「첨단인프라 기술발전과 국토교통분야의 과제-자율주행자동차를 중심으로」, 국토연구원, 2016.
74. 전국 실거래가 조회, https://disco.re. 2020년 6월 10일 검색
75. 토지주택연구원, 「자율주행자동차 도입에 따른 주차장 및 도로 면적 감소효과 분석 연구」, 2020.
76. 한겨레신문, 「자동차 스스로 주차장에 차를 세운다면 어떻게 될까」, 2016.9.
77. 환경부 온실가스종합정보센터, 보도자료, 2019.10.
78. e-나라지표, http://www.index.go.kr. 2020년 10월 19일 검색

# Image Source ——— 이미지 출처

12p ⓒ Tupungato/Shutterstock.com
38p ⓒ maps philadelphia
51p ⓒ Scan aus dem Buch von Edward Baines: History of the Cotton Manufacture in GreatBritain, des Zeichners nicht lesbar(1835), Jackson London /Wikimedia Commons
59p ⓒ 위 Joseph Cugnot's 1770 Fardier à Vapeur, Joe deSousa/Wikimedia Commons
ⓒ 아래 Thesupermat/Wikimedia Commons
61p ⓒ NAParish/Wikimedia Commons, https://www.flickr.com/photos/naparish/
65p ⓒ Mercedes Benz Publicarchive 공식 홈페이지
66p ⓒ Ford Motor Company 공식 홈페이지
87p ⓒ 위 Ki young / Shutterstock.com ⓒ 아래 Ki young / Shutterstock.com
117p ⓒ Sheila Fitzgerald/Shutterstock.com
119p ⓒ 테슬라 공식홈페이지
126p ⓒ 글로벌 오토뉴스, http://global-autonews.com / 라스베가스 - 2018 CES
131p ⓒ 위 Roman Tiraspolsky/Shutterstock.com ⓒ 아래 행복카 공식 홈페이지
134p ⓒ Tupungato/Shutterstock.com
135p ⓒ DJSinop/Shutterstock.com
141p ⓒ 위 dennizn/Shutterstock.com ⓒ아래 franz12/Shutterstock.com
146p ⓒ Freer/Shutterstock.com
147p ⓒ Tada Images/Shutterstock.com
149p ⓒ Wan Fahmy Redzuan/Shutterstock.com
169p ⓒ D_Fuchs/Shutterstock.com
183p ⓒ 위 Monir Abderrazzak/Shutterstock.com ⓒ 아래 yvasa/Shutterstock.com
184p ⓒ StreetVJ/Shutterstock.com
185p ⓒ Motional 공식 홈페이지
188p ⓒ sbs뉴스/게티이미지코리아, https://news.sbs.co.kr/news/
213p ⓒ TanyaKim/Shutterstock.com
252p ⓒ Andreas Zerndl/Shutterstock.com
254p ⓒ 서울연구데이터서비스/http://data.si.re.kr/
255p ⓒ Nghia Khanh/Shutterstock.com
270p ⓒ 어원하이머 그룹
272p ⓒ Sidewalk Lab 홈페이지, https://www.sidewalklabs.com/